日本のクマゲラ

The Black Woodpecker *Dryocopus martius* in Japan

藤井忠志 ＊ 著

北海道大学出版会

つがいで新居の品定め(井上大介氏撮影)。北海道苫小牧市。2005.4

口　絵　iii

口絵1　アカゲラ（本州産クマゲラ研究会提供）。岩手県滝沢市。2005.5.19

口絵2　オオアカゲラ（三井秀男氏撮影）。岩手県雫石町網張。2013.3.17

口絵3　チャバラアカゲラ（小堀脩男氏撮影）。石川県舳倉島。2005.5.17

iv 口絵

口絵4 ヤマゲラ（冨川徹氏撮影）。北海道千歳市。2011.11.1

口絵5 ノグチゲラ（本州産クマゲラ研究会提供）。沖縄県国頭村。2010.4.24

口絵6 アリスイ（本州産クマゲラ研究会提供）。岩手県岩泉町。1990.7.14

序　文

　クマゲラは大型のキツツキの1種で，キタタキが絶滅した現在では日本で最大のキツツキである。生息数はほかのキツツキ類に比べて少なく，国のレッドリストでは絶滅危惧II類のランクであり，天然記念物にも指定されている。一般に生息数の少ない種を対象とした研究は，調査に多くの時間を要するためあまり多くない。クマゲラも同様で，その上，自然度の高い山間部に生息するので，調査には困難をともない，稀少種として関心がもたれているわりには，これまで生態に関する研究例はそれほど多くはない。

　藤井忠志さんは，学生時代から鳥類に強い関心をもち，学部の専門分野とは異なる鳥類の研究を進め，卒業後も岩手県で中学教師を勤める傍ら，白神山地のクマゲラの調査・研究にたずさわってきた。この過程で本州産クマゲラ研究会を立ち上げ，2000年に岩手県立博物館の学芸員に異動して以降も研究を継続してきた。クマゲラは生息数が少ないだけに，野外調査でのデータ収集に多くの時間を要する。本書でも触れているように，北海道に比べると東北地方では生息数が特に少なく，調査には莫大なエネルギーを必要としたことであろう。

　クマゲラに関する研究成果は，これまで論文や報告書として発表されており，一般書も刊行されている。しかし，これらの成果をまとめた学術書は見当たらない。

　藤井忠志さんはご自身で東北地方のクマゲラを研究対象とする一方，北海道など各地のクマゲラに関する研究をとりまとめ，2012年に「総説・日本のクマゲラ」を岩手県立博物館調査研究報告書として発表している。本書はこの総説をより詳しくし，その後発表された論文・報告書の成果を加えてさらに充実させ，資料編2部を加えたものである。日本におけるクマゲラ研究の集大成といってよいであろう。

　本書の第1章「研究小史」は本州におけるクマゲラの研究の歴史で，北海道における研究には触れていないが，過去の記録や自分たちの研究結果から

本州における過去と現在の分布について明らかにしており，研究史と同時に分布域の変遷を述べることにもなっている。第2章「生物学」はクマゲラの本論に入る前の日本・世界のキツツキ類に関する概観である。第3章がクマゲラの生態で，食性，繁殖，声とドラミングについてのまとめである。第4章「樹木の関係学」では，クマゲラの生活にとって重要な樹木との関わりを営巣木，ねぐら木，採餌木という区分で明らかにしている。これらの項目は生態に含まれる内容であるが，情報量が多く，独立の章としたのであろう。第5章は保護に関する問題を取り上げている。まず保護管理の基本である生息環境について概観し，次いでさまざまの攪乱要因をあげ，最後に保護上の課題で締めくくっている。資料編①は研究会の活動記録，資料編②はクマゲラの主要な生息地である白神山地をめぐる対談の記録である。このほか，各所にコラムを設け，本論では触れにくいような話をあげている。

　本書の第1章〜第5章を読んでいただければ，「日本のクマゲラ」について概要を把握できるとおもう。

2014年7月16日

帯広畜産大学名誉教授・元日本鳥学会会長(12代会長)
藤巻裕蔵

目　次

序　文　藤巻裕蔵　v

Ⅰ部　日本のクマゲラ

はじめに　3

第1章　クマゲラ研究小史
1. 堀田正敦と『禽譜』・『観文禽譜』　7
2. ブラキストン　11
3. 川口孫治郎　12
4. 仁部富之助・熊谷三郎　13
5. 庄司国千代と泉祐一　19
6. 岩手県での発見　22
7. 白神山地での発見　22

第2章　クマゲラの生物学
1. 世界のキツツキ・日本のキツツキ　27
   世界のキツツキ　27／日本のキツツキ　27／日本産キツツキ全種の特徴　30
2. キツツキ類の形態的特徴　37
   嘴　37／舌骨　39／脚　44／尾羽　44

第3章　クマゲラの生態学
1. 食　性　47
2. 繁　殖　48

　　　　雛数と性比　48／繁殖期の行動と日周活動　51
　　3. 声およびドラミング　　59

第4章　クマゲラと樹木の関係学
　　1. 営巣木　　63
　　2. ねぐら木　　65
　　3. 採餌木　　68
　　4. ねぐら木と営巣木の距離　　69
　　5. 営巣木およびねぐら木の条件と選好性　　70

第5章　クマゲラの保護
　　1. 生息に関わる環境　　73
　　　　生息域　73／生息環境　73／クマゲラの巣穴を利用する鳥獣　76
　　2. 生息を脅かすさまざまな要因　　79
　　　　撮影圧　79／伐採圧　81／そのほかの圧力　82
　　3. 日本のクマゲラ保護対策　　84
　　　　古記録による生息域推定と保護・保全対策　84／個体数の推測　85
　　　　／1つがいあたりの行動圏の把握　86

資料1　「青森営林局長 1990.6.18 通達」　　89
資料2　「1999(平成11)年2月3日付改正案」　　91
資料3　「2006.6.29 付北海道森林管理局長名方針」　　93
　［引用・参考文献］　　97

II部　　資料編①　クマゲラ物語
　　1. ブナ退治　　103
　　2. クマゲラは渡り鳥？　　105
　　3. 就　　職　　106
　　4. 本州初のクマゲラ撮影　　108
　　5. 北海道のクマゲラ先生　　109

6. ねぐら木の初発見　113
7. クマゲラ調査隊　115
8. 本州初のクマゲラ繁殖　115
9. 不十分な最終案　119
10. 指定はされたが繁殖とだえる　119
11. 世界最大級のブナ原生林　120
12. クマゲラ再発見　121
13. あわや暗門の滝へ　124
14. 史上最高の異議意見書　125
15. クマゲラパワー　128
16. 岩手県とクマゲラ　129
17. 山形県のクマゲラ　130
18. ブナ林の救世主クマゲラ　130
19. 森林生態系保護地域に，そして世界の自然遺産に　131
20. クマゲラ再繁殖　132

Ⅲ部　資料編②　白神山地が世界自然遺産に登録されるまでとその後

根深誠・藤井忠志対談講演会／2012年12月16日岩手県立博物館地階講堂にて　137

あとがき　175
索　引　177

コラム
①川村多実二　13
②熊谷三郎　18
③庄司国千代　20
④泉祐一　21
⑤キツツキの語源？　29
⑥クマゲラの学名と呼称　36
⑦尾羽両脇2枚の重なり方　45
⑧食性の選好性　49
⑨電柱に営巣しようとしたクマゲラ　66

x

湿原にガスと月（本州産クマゲラ研究会提供）。岩手県雫石町。1992.8.5

Ⅰ部

日本のクマゲラ

クマゲラ雄の骨格標本(岩手県立博物館所蔵,本州産クマゲラ研究会提供)

はじめに

　クマゲラ *Dryocopus martius martius*(図1)は，1965(昭和40)年に国の天然記念物として指定された日本最大のキツツキである。種 *martius* は，ヨーロッパ全体および北アジアからカムチャツカ半島まで広く生息(図2)している(Blume 1973)。

　日本でクマゲラ属に含まれているのは，クマゲラとキタタキ *Dryocopus javensis richardsi* の2種である。しかし，キタタキは対馬にのみ生息し，1920年の捕獲記録を最後に，日本からは姿を消してしまった。したがって，クマゲラ属で日本に現存するのはクマゲラのみとなった(日本自然保護協会 1986)。

　わが国のクマゲラは現在，環境省レッドリスト(環境省 2006)では絶滅の危険が増大している種の絶滅危惧Ⅱ類(Vulnerable)に指定されている。北海道レッドリスト(北海道 2001)では現在の状態が続くならば絶滅危惧種に移行する絶滅危急種に，青森・秋田・岩手の北東北3県のレッドデータブックではいずれも最高ランクのⅠA類(秋田県 2002)やAランク(青森県 2000，岩手県 2001)に位置づけられている。

　現在の分布は，北海道と本州北部に限られ，しかも後者の個体群は生息数が極めて少ない(藤井 2004)。本州における繁殖確認は，秋田県森吉山～玉川，青森県白神山地と南八甲田のブナ林に限定されている(小笠原 1988，藤井 2001)。

　また，本州の個体群と北海道の個体群との遺伝的な交流の有無については，津軽海峡を境に両個体群が長年それぞれ遺伝子の交換なしに種を維持しつづけてきたものと考えられる(小笠原 1988)。そのため両個体群の間には，生態の差異もあるのではないかと推測される。クマゲラの遺伝的解析については，現在，本州産クマゲラ研究会と弘前大学農学部農学生命科学科が共同で進めているところである。しかしサンプル数の不足から，未だ確固たる結論に至っていない。

4　I 部　日本のクマゲラ

図1　クマゲラ雄の成鳥(本州産クマゲラ研究会提供)。秋田県森吉山，2010.6.21

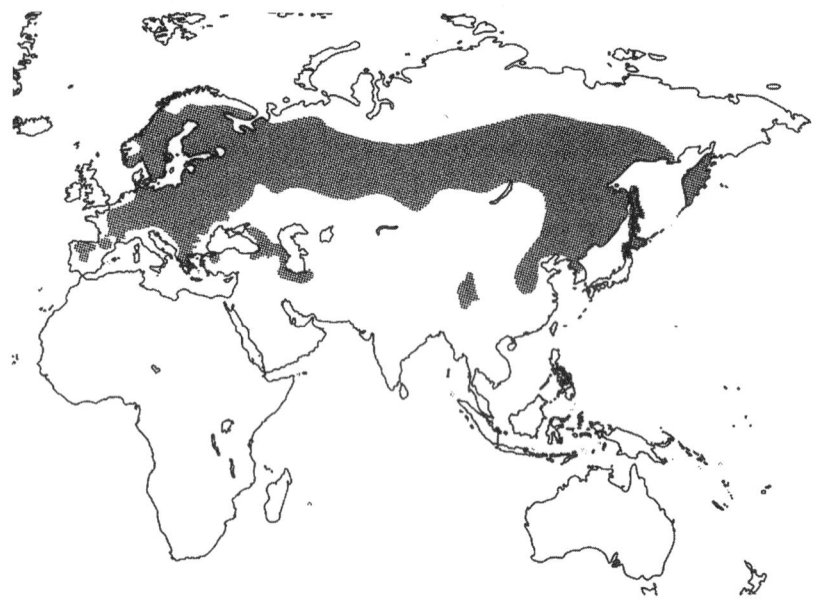

図2　世界のクマゲラ分布図(本州産クマゲラ研究会提供)

筆者らが本州のクマゲラ生態調査をはじめて4半世紀を超えたが，その間，悪戦苦闘しながら生息地を発見できても，直接・間接要因による生息地の悪化などで繁殖活動が途絶えるなど，日本におけるクマゲラの生息状況は芳しくないと実感している。否，それどころか，今や種としての維持すら困難ではないかという状況に追い込まれている。

　大型キツツキ類は日本だけではなく，世界的にも減少傾向にあり，国をあげて保護・保全活動を行うべきものと考えている。そのためには，彼らのおかれている現状と生態を把握・熟知しなければならない（藤井 2011）。

　本書は，日本のクマゲラについて，これまでの研究でわかっていることを総括し，今後の課題について検討を加えることを目的としたものである。

新緑とクマゲラ(本州産クマゲラ研究会提供)。青森県白神山地。1993.5.22

第1章
クマゲラ研究小史

　本章ではキーパーソンやキーワードをもとに，クマゲラ研究小史を紹介する。なお，内容・写真などは，『北東北のクマゲラ』(藤井 2004)と『クマゲラの生態誌』(藤井 2011)を引用，または一部改変した。

1. 堀田正敦と『禽譜』・『観文禽譜』

　鳥類図譜の『禽譜』と『観文禽譜』を編纂した人物が，伊達家第6代藩主・伊達宗村の第8男として生まれた堀田正敦(1755～1832，図3)である。この「鳥類図譜」は，江戸時代最高の水準と最大のボリュームを誇る，いわば現在の鳥類図鑑と百科事典を合体させた内容となっている。そして，鳥類の詳細な解説書『観文禽譜』(図4)と図録の役割を果たす『禽譜』(または『堀田禽譜』とも呼ぶ)とがセットで現存している(図5)。
　正敦は下野佐野藩主となり，その後，幕府の若年寄として43年間も幕政に関与した有能な行政官で，老中・松平定信を補佐し，寛政の改革を推し進めるとともに，幼少期から和歌と古典，そして学問に精通し，学者と呼ばれるにふさわしい高い学識を備えていた。当代の碩学たちの助けを得て直接編んだ鳥類図譜には，伊達家所蔵の図のほか，諸大名・本草家・洋学者・絵師らの転写による選りすぐりの鳥図が収録されている(鈴木 2006)。『禽譜』は

I部　日本のクマゲラ

図3　堀田正敦肖像(松井絢子・長沢悦子氏所蔵)

1794(寛政6)年に着手され，1831(天保2)年に完成するという，実に37年間にも及んだ労作である。正敦はその翌年，鬼籍に入る。『禽譜』の完成を見て逝去したのだから，本望だったに違いない。

　この伊達家の「鳥類図譜」は，1950(昭和25)年6月，伊達家から仙台図書館に譲渡され，現在は宮城県図書館に保管されている。そのなかには，雌のクマゲラが鮮明に模写され，「くろげら　屋まけら」の文字が見える(図6)。そして添文(図7)には，

　「仙臺，後ノ山中ニテ獲シヲ見シニ全身黒色，眼黄，喉ノホトリ碧色ヲ帯ビ頂ニ紅毛アリ嘴，脚淡青，前後ニ指ノアルコト常ノ啄木ノ如シ，大サ鳥ヨリ小サク橿鳥ホトモアル様ニ覚ユ會津山中ニテ獲シヲ見シニ鳥ニ似テ全身黒ク頭深紅也，日光山中ニモ有ト云ウ　黒テラツツキ，黒トリ，山ゲ

第1章 クマゲラ研究小史 9

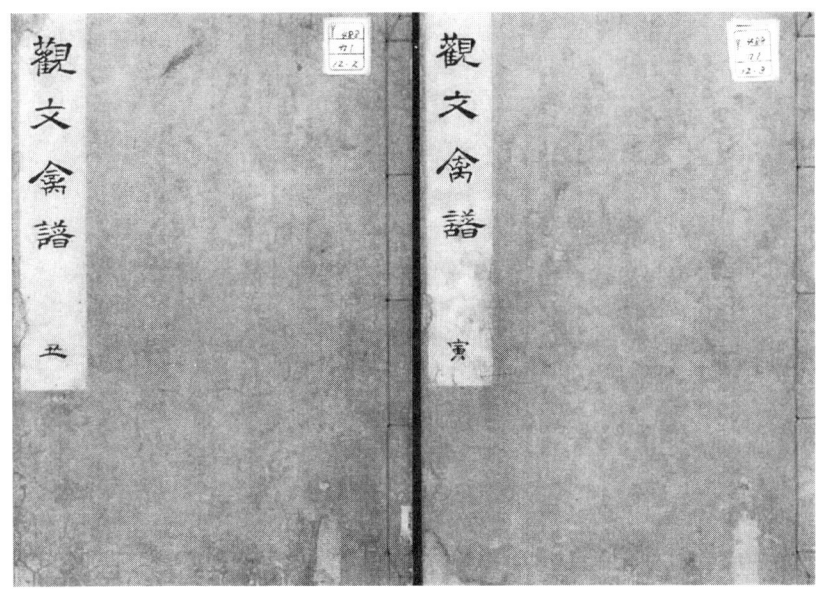
図4 「観文禽譜」(宮城県図書館所蔵)

図5 「禽譜」一式(宮城県図書館所蔵)

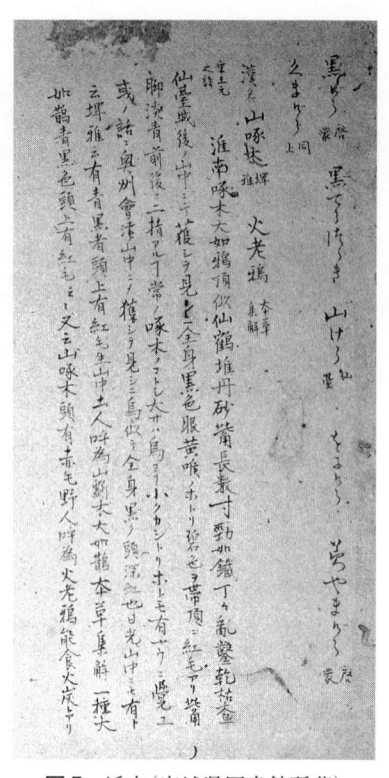

図6 「観文禽譜」中のクマゲラ模写絵(宮城県図書館所蔵)

図7 添文(宮城県図書館所蔵)

ラ(仙臺),ヲニゲラ,クマゲラ」
と記されている。

つまりこの大意は,

「仙台,後の山で撃ち落とされた鳥を見ると,全身が黒で眼は黄色,喉のあたりが濃い青色で,頭頂部に紅い毛がある。嘴,脚は淡い青色で普通のキツツキのように前と後ろに趾がある対趾足である。大きさはカラスより小さく,カケスほどの大きさのようだ。会津の山のなかで撃ち落とされたものは,カラスに似て全身が黒く頭は深紅である。日光の山のなかにも生息しているらしい。クロテラツツキ,クロトリ,ヤマゲラ(仙台),ヲニゲラ,クマゲラなどと呼ばれている」

である。

　まさしく仙台をはじめとする本州の山中に，クマゲラの生息を示唆する内容となっている。伊達家の鳥類図譜の全貌については，『「江戸鳥類大図鑑」——よみがえる江戸鳥学の精華「観文禽譜」』(鈴木 2006)に譲ることとする。『観文禽譜』と『禽譜』は，2002 年に宮城県の重要文化財に指定されている。クマゲラのみならず，この『禽譜』の存在のおかげで，黒田長禮博士が釜山の剥製屋で購入した見知らぬカモが，新種であることをつきとめることができた。つまり，日本で絶滅したはずのカンムリツクシガモ *Tadorna cristata* という新種のカモが，雑種ではなく，まちがいなく種として存在していた(「朝鮮をし鳥」という和名で)ことを証明する際の根拠ともなった。また，シジュウカラガン *Branta hutchinsii* を世界で初めて記述した文献でもある(鈴木 1996)。

　したがって，江戸時代はおろか，明治以降まで日本一詳しい鳥類図鑑として位置づけられ，取り上げた鳥類の種数はほかを圧倒している。鈴木(2006)は，「いかなる形であれ，わが国の鳥に関わりがある人にはぜひ目を通していただきたい必須文献のひとつ」としてあげている。

2. ブラキストン

　「クマゲラは渡り鳥である」との根拠となったのが，ブラキストン(Thomas Wright Blakiston, 1832～1891)が提唱した『ブラキストン線』と呼ばれる学説である。ブラキストン(図8)はイギリス軍人を退役後，貿易商として函館に長期滞在し，日本国内の鳥獣を収集していた。1883(明治16)年，東京築地の商業会議所で開催されたアジア協会例会で，「大陸と日本列島が古代に陸続きであったことの動物学的指摘」を発表した。それは，彼のコレクション 4,000～5,000 点から，北海道と本州の分布の違いを根拠に，津軽海峡は疑いもなく動物分布上の境界線であるという異色の学説であった。このとき討論にたちあった工部大学教授のジョン・ミルン(John Milne 1850～1913，地震学や考古学に関与)は，この説を強く支持し，津軽海峡を動物地理学上『ブラキストン線』と呼ぶことを提案した(釧路市立博物館 1990)。以来，

図8 ブラキストン肖像(北海道大学植物園・博物館所蔵)

日本のクマゲラは，本州以南には渡り鳥としてやって来るにすぎない，北海道に生息するキツツキという位置づけとなったのである。

3. 川口孫治郎

　1934(昭和9)年4月10日，京都大学講師・川口孫治郎(1873～1937，図9)は地元猟師2名と花輪営林署の署員数名を同道し，雪中行軍さながらに八幡平宮川村(現在の鹿角市)の国有林に分け入り，雌雄2羽のクマゲラを捕獲した。このことは，同年4月13日，花輪町の旅館で川口への取材がなされ，新聞各社がいち早く取り上げたため話題となった。「樺太や北海道の一部にしか生息しないクマゲラが，八幡平で捕獲されたのは初のことで，非常に珍

しい」とされた。当時の日本鳥学会の大御所・内田清之助は東京朝日新聞(1934)の取材に対し「津軽海峡以南には見受けたことがない鳥」とし，川口自身も「北海道阿寒湖付近から毎年11月頃，八幡平に渡来し，翌年4月中旬頃に渡去するもの」としている。その後，川口と内田の間で書簡のやり取りがなされているが，地域指定の天然記念物への動きととれる内容であった(図10)。クマゲラが国指定の天然記念物になったのは，1965年5月12日のことであるから，指定内容は異なるものの30年の時間が経過している。

なお川口が捕獲したクマゲラは，仮剥製標本にされ(図11)京都大学理学部の川村多実二教授を経て，1960年過ぎに，国立科学博物館にまとめて移管されている。しかし，標本ラベルのデータを見る限り，雌はこの日(1934年4月10日)に捕獲されたもの(図12)であるが，雄は1933年12月30日付となっており(図13)，川口が捕獲した標本とは違うものと考えられる。この標本は地元猟師・山口岩治郎が1933年11月30日に捕獲した標本と考えられるが，日付は1か月ずれており，川口(1935)の報告書である「クマゲラの實験」とは異なっている(図14)。

コラム① 川村多実二
1883～1964。岡山県生まれ。東大理学部(動物生態学・陸水生物学専攻)卒業。京大教授，京都市立美術大学長を歴任。京都大学名誉教授。野鳥に関する著書は『鳥の歌の科学』1冊だけであるが，日本の鳥類研究史に名を残した人物である。このほかの著書には，『芸用解剖学』『日本淡水生物学』『心の進化』『動物と人生』などがある。

4. 仁部富之助・熊谷三郎

秋田の鳥学者・仁部富之助(1882～1947)は，『野鳥閑話』(1948, 図15)のなかで「ヤマガラス」という普遍的な方言が秋田県に残っていることや，八幡平と山続きの森吉山(森岳山と記述)のブナ林で1920(大正9)年以前に捕獲された剥製標本を根拠に，クマゲラが古くから秋田県下で生息していたことを指摘している。

14   I部　日本のクマゲラ

図9　川口孫治郎肖像（川口幸子氏所蔵）

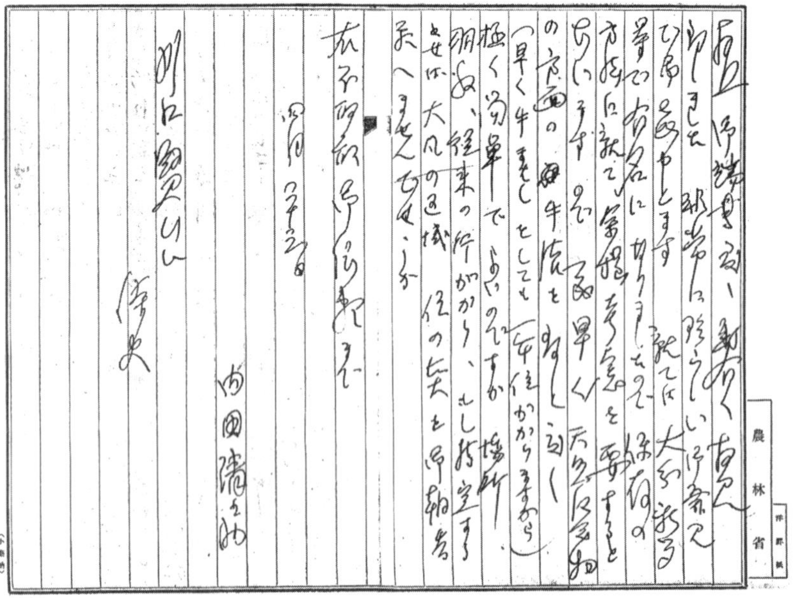

図10　内田清之助書簡（京都大学理学部所蔵）

第1章　クマゲラ研究小史　15

図11　川口捕獲クマゲラ仮剝製標本(国立科学博物館所蔵，本州産クマゲラ研究会提供)

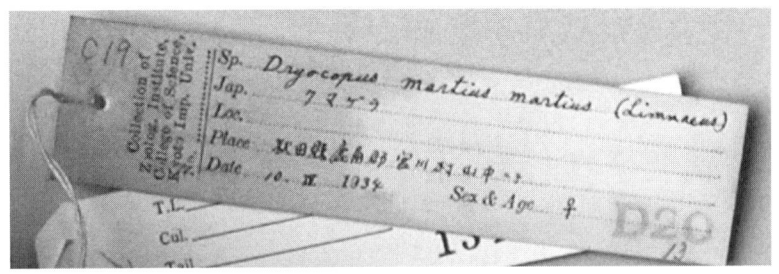

図12　クマゲラ雌の標本ラベル(国立科学博物館所蔵，本州産クマゲラ研究会提供)

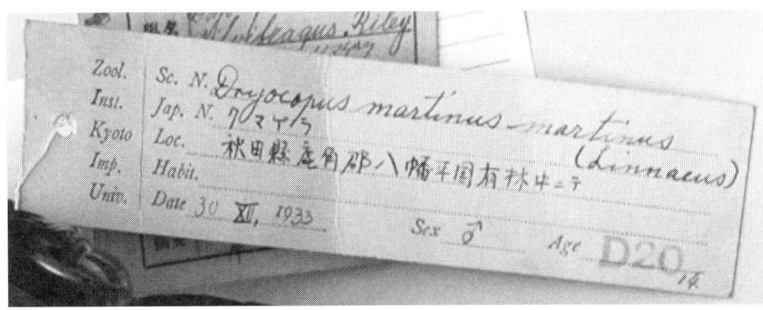

図13　クマゲラ雄の標本ラベル(国立科学博物館所蔵，本州産クマゲラ研究会提供)

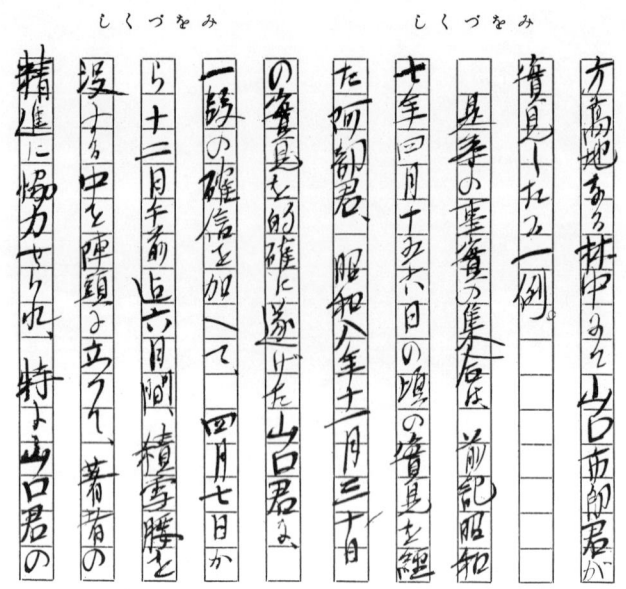

図14 「クマゲラの實驗」山口岩次郎捕獲部分（京都大学理学部所蔵）

さらに，熊谷(1896〜1954)(図16)は著書『仙台附近の鳥』(1951, 図15)で，木村蒹葭堂・小野蘭山・南山老人(島津重豪)・梯南洋，そして伊達家の鳥類図譜などの古記録にクマゲラの記述があることを紹介し，仙台をはじめとする左澤や会津など東北地方のみならず日光にまで生息していたことを述べている。

鳥類図譜の存在を世に知らしめた熊谷は，「仙台のクマゲラ」の稿の末尾に，「私は奥羽山脈の中に未だいるのではないかと思っている」と結んでいる。川口のクマゲラ捕獲後とはいえ，鋭い指摘であり，これら古記録の存在をブラキストンが知っていたら，クマゲラはブラキストン線に関与する鳥のリストには入れられていなかったのかもしれない。またこの熊谷の予測は，24年後に秋田大学出身の社会人により，立証されることとなる。

図15 『仙台附近の鳥』と『野鳥閑話』(本州産クマゲラ研究会提供)

図16 研究中の熊谷三郎(熊谷咲子氏所蔵)

コラム②　熊谷三郎

　熊谷三郎(1896～1954)(図16・17)は，一関市の酒屋「熊文」の17代当主であったが，日本の鳥類学の基礎をつくった黒田長禮博士に師事し，山階芳麿や蜂須賀正，籾山徳太郎ら，鳥類学者と交流した。三郎の文献は，古本屋と斎藤報恩会，大学へ分散した。「熊文」は大正～昭和に倒産し，一関市の「世嬉の一酒造」が買い取った。48のイロハ蔵があり，磐井川の氾濫で何度も水没し，流された(現在は少数残っている)。18代当主は，23歳で死去した。『熊文物語』は，1974(昭和49)年熊谷小六郎が自費出版しているが，実際は熊谷三郎(17代当主)と熊谷太三郎(16代当主)が著者で，小六郎が勝手に持ち出したものといわれる。小六郎は宮城県泉市出身で，太三郎の後妻の次男(兄は小五郎＝医者)である。なお太三郎の英語の家庭教師は島崎藤村(春樹)で，太三郎は尾崎紅葉や幸田露伴とも交友があった。通称「太三郎日記」と呼ばれているものは，生前，太三郎が北村透谷の本の片隅に藤村のことをメモしたものが，太三郎日記といわれており，藤村研究の重要な資料とされている。三郎の子どもは，長男文一(亡)，長女美津子(早逝)，次女ゆき，三女貞子，四女あつ子，五女咲子であった(2005年3月26日四女熊谷あつ子氏より聞き取り)。

図17　熊谷三郎(右手前，熊谷咲子氏所蔵)

5. 庄司国千代と泉祐一

「昭和50年(1975年)9月19日，午前7時，秋田県森吉山中のブナ伐採跡地で500ミリの望遠レンズを抱えて私はへたりこんでいた。そして，はるか前方へまっ黒い鳥がゆっくりとはばたいて林のなかへ消えていくのをぼんやりと見ていた。よくこんなに伐られても生きていたな……」(泉 1988)。

　これは，秋田県森吉山ノロ川流域に近い伐採地で，泉祐一(図19)が初めてクマゲラの撮影に成功したときを回想しての文章である。実はこの5年前，同流域において，阿仁町役場職員で森吉山岳会会長の庄司国千代(図18)が，クマゲラの撮影に成功していたのである。しかし，撮影したカメラの望遠機能が不足で，クマゲラか否かの判別が不可能だった。したがって，泉の撮ったものが本州では初の記録写真となった。

　翌年からは文化庁の学術調査が入り，クマゲラの生態調査のみならず植生・地質調査など総合的な調査が実施されている。その3年後には，泉ら秋田県野鳥の会により本州初の繁殖が確認され，その後，連続3年間(1978～1980年)本州での繁殖生態調査が実施された。この調査やその後の秋田大学・小笠原暠教授を中心とする補完調査で，それまでベールに包まれていた本州産クマゲラの生態の概要が把握できたのである。

　1983年，森吉山のクマゲラ生息地は約330 haが国設森吉山鳥獣保護地区に指定された。その後1,175 haまで拡大するものの，指定直後から繁殖が確認できなくなった。繁殖活動が再度，確認できたのは，14年後の1994(平成6)年のことである。しかし，わずか1つがいだったため，恒常的な繁殖活動であるのか懸念があった。

コラム③　庄司国千代

　1924〜1997。秋田県北秋田市生まれ。マタギの里・阿仁町の役場職員のかたわら，森吉山岳会を立ち上げ，その初代会長。森吉から玉川一帯の植生や環境を知り尽くし，京都大学教授・今西錦司を森吉山に案内するなど著名人とも交友があった。川口孫治郎が北海道特産と考えられていたクマゲラを八幡平で捕獲したことを知り，クマゲラの存在を初めて認識した。その生息を信じつつ，生存説を唱えながら，地元で山仕事をしている方やマタギ仲間・山仲間にも働きかけ，クマゲラ探索を精力的に実施した。1965(昭和40)年，初めてクマゲラを目撃・撮影し，その後も何度かクマゲラを目撃した。これら庄司の情報をもとに，泉祐一の撮影・発見へと継承される。庄司の直筆資料「クマゲラとのめぐりあい(クマゲラ確認まで)―クマゲラ生存説をとなえて20年」は，『国千代日記』と呼ばれ，ご息女・庄司尚子氏が保管している。本州産クマゲラ研究会が掘り起こし，「われ　幻の鳥を見たり」という小冊子や「北東北のクマゲラ」(2004)にも掲載されている。自らのペンネームを『庄司素風』と号した。

図18　庄司国千代(庄司尚子氏所蔵)

コラム④　泉祐一

　1947〜2011。秋田市生まれ。小笠原暠秋田大学教授に師事し，鳥類生態学を専攻。秋田大学教育学部生物学研究室卒業後の秋田県鳥獣保護センター勤務時代に，秋田県森吉山五合目付近のブナ伐採跡地で，本州には生息していないとされていた幻のキツツキ・クマゲラを発見し，初撮影に成功した。川口孫治郎以来，ブラキストン線説に一石を投じた。その後，青森県白神山地の核心部でも，クマゲラの生息を確認し，白神山地世界自然遺産指定に貢献する。鳥類以外でも，秋田県栗駒山須川湖付近のブナ林内取水施設で，国内5例目のハコネサンショウウオ *Onychodactylus japonicus* の卵嚢を採取するなど，両生類のほか魚類などの生態にも精通していた。秋田県自然保護課退職後，秋田県鳥獣保護センター所長を務めた。2011年6月27日，肺ガンのため逝去。著書に『秋田の野鳥百科共著』(秋田魁新報社，1984)，『ブナ帯文化共著』(思索社，1985)，『秋田のわき水』(秋田魁新報社，2007)などがある。

図19　泉祐一氏(左)と筆者(本州産クマゲラ研究会提供)。青森県白神山地。1987.5.5

6. 岩手県での発見

　岩手の博物学者・山本弘(ひろむ)(1972)によると，友人で八幡平の案内を買って出た松田松太郎(裵部(ほろべ)出身)が，モッコ岳(1,578 m)―大深岳(1,541 m)稜線東西のオオシラビソ密林で，前後5回以上クマゲラの姿を見て，ヒゲナガカミキリを採餌するところを観察している。この年代は，庄司が森吉山でクマゲラを目撃した年代にほぼ合致することや森吉山の東方向に連続するように玉川－八幡平一帯にブナ林が拡がっていることなどから，確証的ではないもののほぼクマゲラに間違いないものと思われる。なお，岩手県での記録写真は，1例目が由井正敏により1981年10月18日に安比高原西森山で(図20)，2例目が1995年10月31日に田村誠により岩泉町権現山国有林で(図21)，3例目が1999年8月21日に石坂勇・美智子により安比ペンション村で(図22)撮影されている(藤井 2004)。

7. 白神山地での発見

　泉らによる森吉山でのクマゲラ発見は，45,000 haという広大な面積でブナが林立する白神山地(図23。当時は特に呼称がなく，「目屋の山」とか「弘西山地」とも呼ばれていた)の保護にも活かされ，屋久島と並んで日本初の世界自然遺産指定にまで発展する。その陰に，保護運動の中心的役割を果たした根深誠の存在やクマゲラの生息確認，そして地元住民の青秋林道・奥赤石川林道建設反対など，地道で長い闘いがあったことを忘れてはならない。
　白神山地でのクマゲラ生息地発見の経緯は，次のようなものである。
　根深誠・工藤父母道・泉祐一の3名ほか学生ポーターらは，奥赤石川林道建設予定地一帯をくまなく歩いた後，雨による危険を回避するため，当初予定していたルートとは異なる向白神岳(標高1,243 m)の真東の櫛石山ルートをたどる。そこの緩斜面は，チシマザサが繁茂しないさっぱりした林床で，胸高直径も70 cm内外の通直なブナが一定間隔で林立しており，これまで見てきた周辺のブナ林とは明らかに異なるものだった。換言するならば，ク

第1章 クマゲラ研究小史　23

図20　岩手県初撮影のクマゲラ(由井正敏氏撮影)。安比西森山。1981.10.18

図21　岩手県2例目のクマゲラ(田村誠氏撮影)。岩泉町権現山。1995.10.31

24　I部　日本のクマゲラ

図22　岩手県3例目のクマゲラ（石坂勇・美智子氏撮影）。安比ペンション村。
1999.8.21

マゲラが利用できる電柱状のブナ生木がいっせいに生育しているブナ林ともいえる（図24）。森吉山でクマゲラの繁殖地に日参していた泉の足が，自然に止まったのはいうまでもない。

「違う！　ただの森ではない！　クマゲラの巣穴がきっとあるはずだ！！」

それから，クマゲラのねぐら木などが発見されるまでに，時間はかからなかった。時間はすでに夕暮れに近い。

「もう少しすれば，帰ってくるはず」

泉と根深は林内の窪地に身を隠し，クマゲラの帰還を待った。するとどうだろう！　クマゲラが飛翔時のコロコロ音を発しながら，本当に現れたのである。就塒のために帰ってきた雄個体1羽だ。両氏は，驚きと感激で「やった！」と叫ばんばかりだった。それは，白神山地が世界自然遺産指定地になる10年前，1983（昭和58）年10月8日のできごとだった。

以後，この森はだれかれともなく「クマゲラの森」（図24）と呼ばれ，白神山地の自然度の豊かさを象徴するクマゲラが生息する森として，林道開設反

第1章 クマゲラ研究小史 25

図23 青森県白神山地(本州産クマゲラ研究会提供)。2001.5.22

図24 クマゲラの森(本州産クマゲラ研究会提供)。青森県白神山地。1994.8.7

対運動および日本初の世界自然遺産登録に貢献する。当地では，現在もその子孫が生息している痕跡を見いだすことができる。

営巣地を飛ぶ(本州産クマゲラ研究会提供)。青森県白神山地。1990.6

第2章
クマゲラの生物学

1. 世界のキツツキ・日本のキツツキ

世界のキツツキ

　世界のキツツキ目には，キリハシ科5属17種，オオガシラ科10属32種，ゴシキドリ科13属81種，ミツオシエ科4属15種，オオハシ科6属33種，キツツキ科27属204種が含まれる(216種のうち約11種絶滅した？)。キツツキ科はさらにアリスイ亜科(1属2種)，ヒメキツツキ亜科(3属31種)，キツツキ亜科(23属171種)の3亜科に分類され，オーストラリア，ニュージーランド，ニューギニア，マダガスカル，太平洋上の小さな島々と両極地方を除く全世界に広く分布している(臼井 1986)。

　世界最大のキツツキは，中米産(西メキシコ周辺)のテイオウキツツキ *Campephilus imperialis* で全長が60 cmもある(図25)。最小はブラジルなど南米産のキンビタイヒメキツツキ *Picumnus aurifrons* で全長が7.5 cmほどである(図26)。このように大きさに差異がある。色彩もまた，アカゲラのように黒白まだらのものから，黄・茶・白のものまでさまざまである。

日本のキツツキ

　日本産はアカゲラ属，アオゲラ属，クマゲラ属，ミユビゲラ属，ノグチゲ

図25 世界最大のテイオウキツツキ
（五味靖嘉氏作図）

図26 世界最小のキンビタイヒメキツツキ
（五味靖嘉氏作図）

ラ属，アリスイ属の6属に分類される。アカゲラ属はアカゲラ，オオアカゲラ，コアカゲラ，コゲラの4種である。アオゲラ属はアオゲラ，ヤマゲラの2種である。クマゲラ属はクマゲラ，キタタキの2種である。ミユビゲラ属はミユビゲラ1種のみである。ノグチゲラ属もノグチゲラ1種のみである。そしてアリスイ属もアリスイ1種である。したがって，日本には6属11種のキツツキが分布していることになる（日本鳥学会 2000）。しかし，長崎県対馬の御岳一帯の森林に生息していたキタタキが，1920（大正9）年の記録を最後にその後の確かな情報がないことから，10種というのが正確な種数になる。

　その後，1993年5月24日にチャバラアカゲラ（アカゲラ属）が迷鳥として北海道渡島大島で（小城 2000），2005年5月15日に石川県舳倉島で雄1個体が記録撮影されている（小堀ほか 2007）。さらに2007年5月2日には，新潟

コラム⑤　キツツキの語源？

　諸説さまざまあるが，キツツキの古名は，「テラツツキ」である（中村 1981）。テラツツキがキツツキに至る変化には，以下のような逸話がある。その昔，物部守屋と蘇我馬子が戦い，守屋は矢にあたり最後をとげた。いくさが終わり，四天王寺を建てたが，どこからともなくたくさんの鳥が現れ，寺ののきや柱を片っ端からつつき，ついには破壊してしまったのである。すると世間の人は，守屋のうらみが木をつつく鳥となって寺をこわしにきたのだと言い伝え，この鳥のことを「テラツツキ」と名づけたらしい（中西 1971）。そしてこの「テラツツキ」がなまって「ケラツツキ」となり，その後「ケツツキ」と変化。最後はケに木をあて「キツツキ」となったと考えられる（中村 1981）。

　ただ，日本には「キツツキ」という名前のキツツキは存在しない。ほとんどが「○○ゲラ」といって，○○にはそのキツツキの特徴を示すことばが冠されている。前述した家屋などに穴をあけるテラツツキの正体は，その習性から，アオゲラだったと想像される（藤井 2007）。

図27　木造家屋にあけられたアオゲラの穴（本州産クマゲラ研究会提供）。岩手県岩泉町。1991.4.21

市越前浜で雄個体の斃死体が採集されている(風間・土田 2008)。このことにより，『日本鳥類目録 改訂第7版』(日本鳥学会 2012)では，チャバラアカゲラが日本産キツツキのアカゲラ属として追加された。その結果，日本産キツツキは6属12種が記録されており(図28〜39)，そのうちの6属11種が現存することになる。

日本産キツツキ全種の特徴

(1) アカゲラ属 Dendrocopos
① アカゲラ Dendrocopos major

　学名は「大型のアカゲラ」の意味である。全長23.5 cm，嘴峰2.5 cm。四国以北に留鳥または漂鳥として分布する。日本産キツツキのなかではもっともよく知られており，平地から山地の林に生息している。背中の白い逆八の字の模様が特徴である(口絵1，図28)。

② オオアカゲラ Dendrocopos leucotos

　学名は「白っぽいアカゲラ」の意味である。全長28 cm，嘴峰3.8 cm。北海道から奄美大島まで留鳥として分布する。平地ではあまり見ることができず，おもに山地に依存し生息している。詳細な生態記録などが少なく，個体数は多くない。腹部のオレンジ色に縦状の黒筋羽毛が特徴である(口絵2，図29)。

③ コアカゲラ Dendrocopos minor

　学名は「小型のアカゲラ」の意味である。全長16 cm，嘴峰1.7 cm。北海道に留鳥として分布する。平野部の森林(疎林)，街路樹，防風林，河畔林に生息(藤巻 私信)している。ほかのアカゲラ属とは異なり，腹部に赤色の羽毛がないのが特徴である(図30)。

④ コゲラ Dendrocopos kizuki

　学名は「大分県杵築産のアカゲラ」の意味である。全長15 cm，嘴峰1.4 cm。北海道から南西諸島まで留鳥として分布する日本最小のキツツキである。平地から山地の林まで広く生息し，ギッギッと鋭く鳴くのが特徴である(図31)。

⑤ チャバラアカゲラ Dendrocopos hyperythrus

図 28 アカゲラ（本州産クマゲラ研究会提供）。岩手県滝沢市。2005.5.11

図 29 オオアカゲラ（渡邉治氏撮影）。岩手県雫石町。2014.5.6

　学名は「下面の赤いアカゲラ」の意味である。全長 22.5 cm，嘴峰 1.4 cm。日本では，北海道渡島大島(1993)，新潟(2007)，舳倉島(2005)のわずか 3 例の渡来記録しかない。しかし，ヒマラヤ地方から中国西南部，インドシナにかけて広範囲に分布する中型のキツツキである。3 亜種が認められており，それぞれの分布域において留鳥とされている。『日本鳥類目録 改訂第 7 版』（日本鳥学会 2012）では，日本産キツツキとして新規登録された（口絵 3，図 32）。

(2) アオゲラ属 Picus

⑥ アオゲラ Picus awokera

　種小名の awokera は和名のアオゲラに由来し，学名は「アオゲラ属のアオゲラ」の意味である。全長 29 cm，嘴峰 3.5 cm。日本固有種で本州・四国・九州・対馬・大隅諸島に分布する。平地から山地の林に生息し，腹部の黒い V 字横斑とピョーという鳴き声が特徴である（図 33）。

図 30　コアカゲラ（本州産クマゲラ研究会提供）。北海道美唄市。1997.4.26

図 31　コゲラ（渡邉治氏撮影）。岩手県雫石町。2014.5.24

図32 チャバラアカゲラ(小堀脩男氏撮影)。石川県舳倉島。2005.5.17

図33 アオゲラ(本州産クマゲラ研究会提供)。岩手県滝沢市。2006.4.24

⑦ヤマゲラ *Picus canus*

学名は「灰白色のアオゲラ」の意味である。全長 29 cm, 嘴峰 3.4 cm。北海道に留鳥として分布する。平地から山地の林に生息し，外見はアオゲラに似ているが，腹部が無斑であるのが特徴である（口絵 4, 図 34）。

(3) クマゲラ属 *Dryocopus*

⑧クマゲラ *Dryocopus martius*

学名は「カシノキを叩くローマ神話の軍神マース」の意味である。全長 45 cm, 嘴峰 6.0 cm。北海道・本州北部に留鳥として分布する。北海道はおもに針広混交林に，本州ではブナ林に依存し生息する。国の天然記念物で，頭頂部に赤色の羽毛がある以外は全身が真っ黒であることが特徴である（図 35）。本州北部の個体群は，生息環境の悪化により，絶滅が危惧される。

図 34　ヤマゲラ（冨川徹氏撮影）。江別市野幌森林公園。2012.3.11

図 35　クマゲラ（本州産クマゲラ研究会提供）。青森県白神山地。2009.5.20

⑨キタタキ *Dryocopus javensis*

学名は「ジャワ産のクマゲラ属」の意味である。全長 46 cm，嘴峰 6.2 cm。長崎県対馬の御岳に生息していたクマゲラ属のキツツキだが，1920 年の捕獲記録を最後に絶滅したと考えられている。モミやマツの林に生息し，外見も大きさもクマゲラに近いが，冠羽があることや腹部が白色という特徴がある(図36)。亜種 *D. j. richardsi* Tristram, 1879 は，北朝鮮に生息している。

(4) ミユビゲラ属 *Picoides*

⑩ミユビゲラ *Picoides tridactylus*

学名は「3本指のキツツキ」の意味である。全長 22 cm，嘴峰 2.7 cm。北海道大雪山の常緑針葉樹林にごく少数が生息している。第1趾が退化し，趾が3本で，雄の頭頂部が黄色であるのが特徴である(図37)。日本産キツツキ

図36 キタタキ(岩手大学教育資料館所蔵，本州産クマゲラ研究会提供)

図37 ミユビゲラ(バードカービング作成 北尾久美子氏，岩手県立博物館所蔵，本州産クマゲラ研究会提供)

でもっとも絶滅が危惧される個体群である。最新の記録としては，2006年に大雪山国立公園内で，稗田一俊氏により確認・撮影された(北方森林鳥類調査室 2010)。

(5) ノグチゲラ属 *Sapheopipo*

⑪ノグチゲラ *Sapheopipo noguchii*

学名は「野口氏の特別なキツツキ」の意味である(ただし，Noguchi が何者かは不明(加藤 2012))。全長 31 cm，嘴峰 2.7 cm。沖縄本島北部にのみ生息する日本固有のキツツキで，特別天然記念物に指定されている。スダジイやセンダンなどを営巣木として利用し，雄個体は地面で採餌行動を行う。腹部および背中全体が，暗赤色が特徴である(口絵 5, 図 38)。カラスやハブの天敵として導入されたハイイロマングースなどが捕食者となり，絶滅に瀕している。ミトコンドリア DNA の解析結果，オオアカゲラに近縁であることが報告されている(小高 2005)。

(6) アリスイ属 *Jynx*

⑫アリスイ *Jynx torquilla*

学名は「とぐろを巻いたヘビのように首をねじる」の意味である。全長 17.5 cm，嘴峰 1.5 cm。北海道・東北北部に夏鳥として渡来し，ほかのキツツキ類があけた古巣や隙間を利用して繁殖活動を行う。疎林・林縁・農耕地などで見られ，アリを専門に採餌する。独特の鳴き声と茶褐色の背中にゴマを振ったような色彩が特徴である(口絵 6, 図 39)。多様な繁殖環境が減少し

コラム⑥　クマゲラの学名と呼称

　クマゲラの学名は，*Dryocopus martius* と表記される。属名の *Dryocopus* はギリシャ語の「木＝dros」と「たたくこと＝kopos」の合成語で「カシノキをたたく」の意である。種小名の *martius* はローマ神話に登場する「黒いマントを着た軍神＝mars」に由来する。Mars は転じて March＝3 月となった(藤井 1999)。またギリシャでは，母神の象徴であるカシノキをくちばしでたたくことから，性的欲望の象徴とされた(荒俣 1987)。和名ではクマゲラであるが，そのほかの呼称としては，黒ゲラ・ミヤマゲラ(小野 1803)，黒テラツツキ・黒トリ・山ゲラ・ヲニゲラ(堀田 1831)が知られており，秋田県ではヤマガラス(仁部 1948)とも呼ばれていた。

図38 ノグチゲラ(本州産クマゲラ研究会提供)。沖縄県国頭村。2010.4.24

図39 アリスイ(本州産クマゲラ研究会提供)。岩手県岩泉町。1990.7.8

ているため,絶滅が危惧される。

2. キツツキ類の形態的特徴

嘴

　鋭くノミのようにとがり,嘴峰は湾曲せず直線的である。また嘴毛は長く,鼻孔を覆い木屑が入るのを防いでいる(図40)。

　クマゲラの嘴を真横から見た場合,嘴は割り箸のようになっているが,大工道具のノミに似ていることから,嘴のことを通称「ノミ」と呼び,先端断面の幅をノミ幅と呼ぶ(図41)。キツツキ科の採餌痕だけから,キツツキの種類を特定することは極めて難しい。しかし,長年の現地調査から,筆者はクマゲラか否かをノミ幅だけから特定する基準を設けたいと考えてきた。そのようなときに,重要なデータを与えてくれたのが,1994年の真冬の白神山

38 　I部　日本のクマゲラ

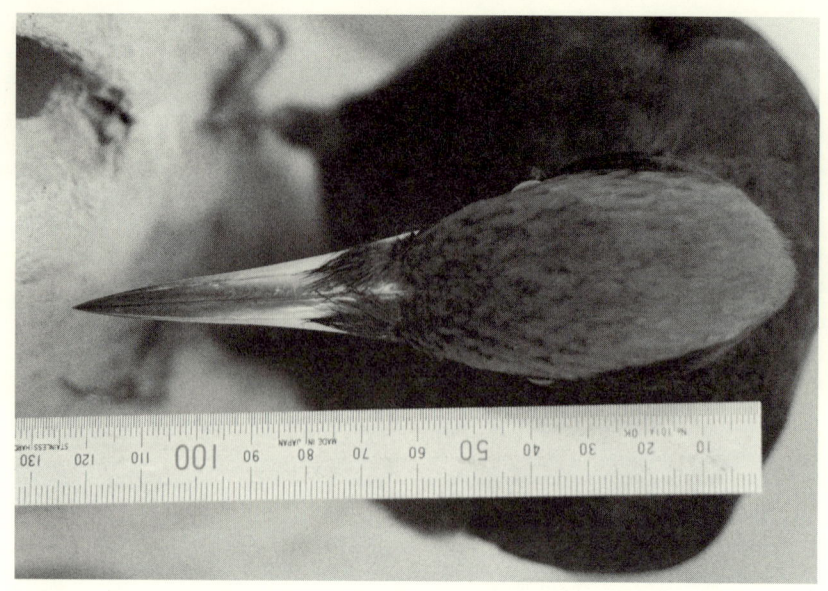

図40　クマゲラ剥製頭部を真上から(岩手県立博物館所蔵，本州産クマゲラ研究会提供)

図41　露出嘴峰長とノミ幅(岩手県立博物館所蔵，本州産クマゲラ研究会提供)

地での調査時に生木に穿たれたクマゲラのノミ跡であった。そのノミ跡は約30か所あり，幅は4.8〜5.0 mmだったが，これはクマゲラの剥製標本の嘴断面の幅5.0 mmと一致した(藤井 2003)。秋田県森吉山ノロ川流域の1994〜2000年まで連続繁殖した旧営巣木(枯れ木A)と，2012年まで雌個体が数年以上連続使用していたねぐら木(半枯れ木B)が暴風により倒壊したため，筆者らは，それらに穿たれたノミ幅をデジタルノギスなどで計測してみた。その結果，枯れ木Aからはノミ跡27個($n=27$)が抽出でき，Mean±S.D.=4.46±0.28 mmであった。同様に半枯れ木Bからはノミ跡11個($n=11$)が抽出でき，Mean±S.D.=5.09±0.63 mmであった。全体($n=38$)をプールすると，Mean±S.D.=4.91±0.62 mm，Max.=6.4 mm，Min.=4.1 mmとなった。なお，これら2地点でのノミ幅を比較したところ，旧営巣木におけるノミ幅が有意に広かった(t-test，$t=3.150$，d$f=36$，$P<0.01$)。これは，同流域ながら年代が異なっていることや，雌雄による性別の違いによるものかもしれないが断定は難しい。同様にカラマツに残されたノミ幅($n=105$)を計測した中村(2009)は，4.53±0.84 mmとし，5.73 mm以上をクマゲラの採餌痕としている。しかし，ミリ単位以下での計測でもあり，まずは本当にクマゲラ自身により穿たれたノミ跡なのか？ 測定者がどの位置のどの部位を計測しているのか？ 測定器は何を使用しているのか？ といった問題点があり，ノミ幅の基準の明確化ができていない。古い採餌痕の場合，時間の経過とともに痕跡の乾燥による収縮なども考えられることから，クマゲラが確実に採餌した現場を確認後，ノミ跡の内側部位などのデータを集積し，解析する必要がある。

舌　骨

　嘴で穴をあけた後，長い舌を穴のなかに差し込み，なかに潜む昆虫を引き出す機能がある。キツツキ科鳥類の舌は軟骨状の舌骨と頤舌骨筋という筋肉につながっており，喉から後頭部を通過し，頭骨をほぼ一周するように鼻孔内に収納されている。これらの収縮運動が，舌を長く出して餌をとることを可能にしている。舌先の形状は種によって異なり，ブラシ状，やり状，さや状などがある。

クマゲラの舌は極めて長く，採餌の際，自由自在に樹の穴に出し入れが可能である。舌そのものの色は赤く，先端がフック状になっていて，アリやカミキリ幼虫などを引っかける(図42)。

図43の左図はクマゲラの頭骨を真上から見た図で，右図は真下から見た図である。舌は嘴の先端から顎部分で二手の舌骨に分かれ，後頭部を通り，それぞれが左右眼球の内側から左右の鼻孔に達している。舌と舌骨(軟骨状)をあわせた長さは，実に20 cm以上にもなる。

これに対して，アカゲラとアオゲラ・ヤマゲラの舌骨の構造は違っている(図44)。舌は嘴の先端から顎部分で二手の舌骨に分かれ，後頭部を通り，その後，右眼球の内側から2本とも右側鼻孔に達している(図45)。そのため，鼻孔そのものをふさいでいるようになっている。さらにアオゲラ属の場合には，頭頂から鼻孔部分まで浅い溝が入り，その溝部分を舌骨が通過している。

黒田(1987)によると，オオアカゲラではこれが眼球前上方で終わっているという。筆者はこれまで，前述した日本産キツツキ6種の骨格標本でしか確認していないが，これらの構造上の違いが，種レベルでの差異なのか，属レベルでの差異なのかわからない。また，この違いが生理学的・生態学的に何を示唆しているのかも不明である。既存の文献(松岡1992)によると，ヤマゲラやアオゲラは左側の鼻孔だけで呼吸するというように記述されているが，これがもし真実であるならば，クマゲラは呼吸ができないことになるのではなかろうか？

さらに，喉部分にはステンソン(Stenson)氏腺と呼ばれるアルカリ液を分泌する唾液腺がある(図46)。ここで舌を潤すことにより，餌となるヤマアリ亜科のアリが分泌する蟻酸を中和している。これも種により異なる。オオアカゲラでは1個で，ヤマゲラでは2個が連なっている。日本産キツツキ全種についてこれらの構造がどのようになっているのかを解明したいものである。

クマゲラはコリアミルチンという猛毒が含有されたドクウツギの球果やウルシオール，ヒドウルシオールなど強刺激性の成分が含有されているツタウルシなどの実を食べても平気でいる。その理由は，この唾液腺のおかげではないかと推測している。

第 2 章　クマゲラの生物学　41

図 42　舌を出す(本州産クマゲラ研究会提供)。秋田県森吉山。2010.6.18

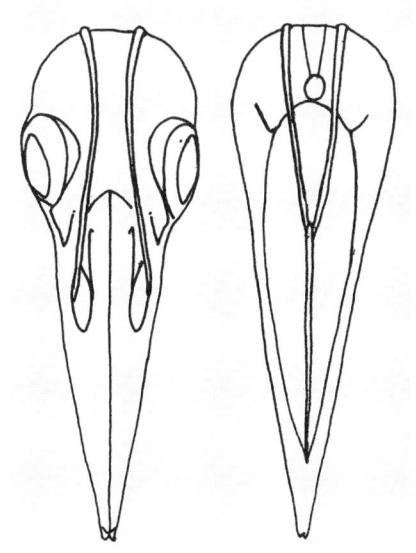

図 43　クマゲラの舌骨構造(本州産クマゲラ研究会提供)

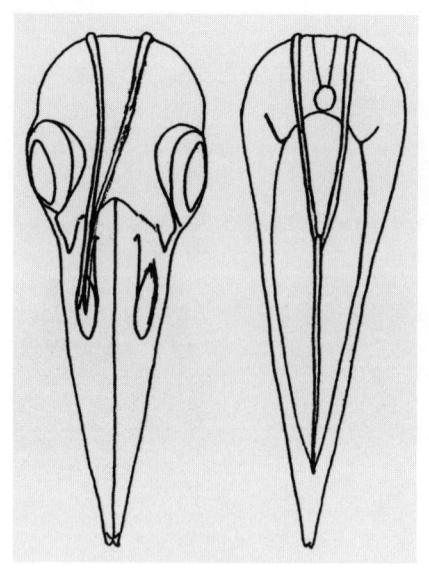

図44　アカゲラ・アオゲラの舌骨構造(本州産クマゲラ研究会提供)

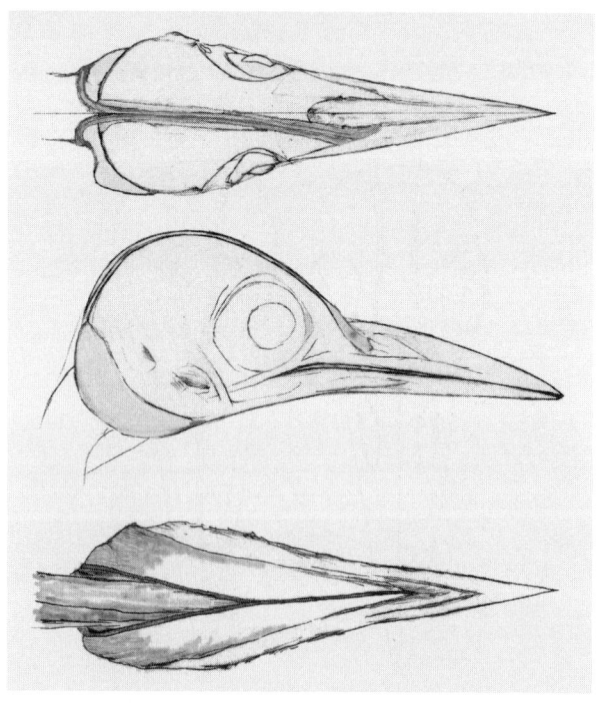

図45　ヤマゲラ舌骨構造(五味靖嘉氏作図,本州産クマゲラ研究会提供)

第 2 章　クマゲラの生物学　43

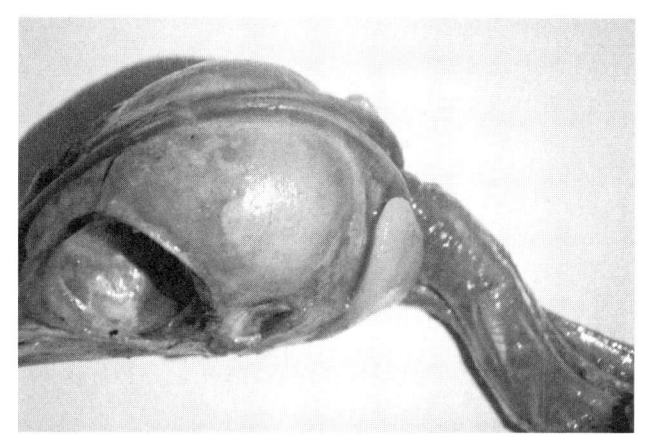

図 46　ヤマゲラのステンソン氏腺(本州産クマゲラ研究会提供)

図 47　クマゲラの脚(五味靖嘉氏作図，本州産クマゲラ研究会提供)

脚

前3本，後ろ1本が通常の鳥類の趾の構造だが，キツツキ類では前2本，後ろ2本の対趾足という構造になっている。なお，後趾内側のもっとも短い指から外側に向かって（右足は時計回りで左足は反時計回り）第1趾，第2趾，第3趾，第4趾と呼ぶ（図47）。

尾 羽

尾羽は全部で12枚あり（図48），左右両側1枚ずつが小型で柔らかいものの，中央の2対4枚は羽軸が太く剛毛になっている。そのため，両脚とこの尾羽の3点支持で，樹に縦に静止できる。

ねぐらの森（本州産クマゲラ研究会提供）。青森県白神山地。1993.5.16

コラム⑦　尾羽両脇 2 枚の重なり方

　尾羽の両脇 2 枚は短くしかも柔らかく，ほかの尾羽の部位とは異なっている。渡辺(2005)によると，この痕跡程度に短い最外尾羽は，何と逆に重なっているという。具体的にいうと，通常の鳥類は中央から外側にいくに従って，尾羽は下に重なる。そのため，たたんだ尾を真上から見ると，見えるのは中央の尾羽 2 枚で，外側の羽は外縁がわずかに見えるだけで重なり方が異なっているのである。ところが，キツツキの痕跡程度に短い最外尾羽は，逆に(中央から 5 枚目の尾羽の上に)重なっているのである。渡辺の疑問に答えるべく，筆者なりにこの答えを考えてみた。その結果，「キツツキ科は樹に停止する際に，両足のほかに尾羽の 3 点で身体を支持する。つまり，尾羽を樹の幹に密着させた際に最外尾羽は柔らかく短くしかも弱いので，崩れやすくなる，もしくはすり切れてしまうことを防ぐため(劣化防止)ではなかろうか？」と考えた。あくまでも推測に過ぎないが。

図 48　巣口に飛来したクマゲラ(井上大介氏撮影)。尾羽に注目。北海道苫小牧市。2005.6.

ブナと雄のクマゲラ(本州産クマゲラ研究会提供)。青森県白神山地。2003.6.5

第3章
クマゲラの生態学

1. 食　性

　アリスイ亜科はアリやほかの昆虫を採食するのに対し，キツツキ亜科は昆虫，クモ，果実，堅果なども餌とする(松岡 1992)。

　クマゲラのおもな餌は，アリ類である(藤巻 1992，小西ほか 1993)。内藤(私信)によれば，植物ではツタウルシ，キタゴヨウマツ，カエデまたはマツの種子，クロベ，ビャクシン(？)の葉を，昆虫ではムネアカオオアリ成虫(図49)，カミキリムシ科幼虫，ゴミムシダマシ科成虫，キクイムシとサクセスキクイムシ科成虫，ハナノミ科(？)幼虫，ハサミツノカメムシ(？)成虫，センチコガネ科とカミキリムシ科そしてクチキムシダマシ科(？)の成幼虫，ヒゲブトキノコムシ(？)成虫，ゾウムシ科幼虫，双翅目蛹，クワガタムシ科とコメツキムシ科(？)幼虫，オトシブミ科(？)とコクヌスト科成虫，クモ類の一種などが糞からの検出としてあげられている。一般に植物性食餌物ではツタウルシの種子の採食が多く，動物性食餌物ではムネアカオオアリ，キクイムシが多く捕食されている(千羽 1991)。

　筆者らは，白神山地において雛が巣立ち後の巣内残留物を調査した。その結果，残渣のすべてがアリ類であり，ムネアカオオアリと，それ以上のトビイロケアリの残骸を確認した(藤井 2011)。

図49 ムネアカオオアリの有翅虫(中村学氏撮影)。青森県白神山地産

　有澤(1997)は，北海道の冬期間の餌としてアリ類のほかに，ヤマブドウ，サルナシ，ホオノキ，キタコブシ，ツルウメモドキ，タラノキ，ヒロハノキハダなど樹木の種子をあげている。

2. 繁　殖

　繁殖の経過表現は，研究者により多少異なっているものの概ね「つがい形成期，造巣期，産卵期，抱卵期，育雛期，家族期」の6期に分けられる(北海道環境保健部自然保護課 1990)。これは本州においてもまったく同様である(小笠原 1988，藤井 2011)。

雛数と性比

　北海道中央部を調査した小西ほか(1993)によると，1腹雛数は2〜4羽で，30例中2羽は13％，3羽が63％，4羽が23％で，3羽の場合がもっとも多く(図51)，平均は3.1羽としている。また性別の明らかな例で性比を見ると，雄＞雌が10例，雄＝雌が5例，雄＜雌が11例で，どの場合が多いとはいえない(χ^2-test：$\chi^2=2.385$，d$f=2$，$P>0.05$)。さらに性比は雄：雌＝43：38となり，どちらが多いとはいえない(χ^2-test：$\chi^2=0.309$，d$f=1$，$P>0.05$)。

　同様に本州では藤井(2011)によると，1腹雛数は1〜4羽で，45例中1羽

コラム⑧　食性の選好性

図50　アミメアリ(中村学氏撮影)。青森県白神山地産

疑問1　本州のトラップ調査(メイプルシロップ入り)において，営巣地内でも営巣地外のいずれでもトビイロケアリは捕獲されていないが，主食の一端を担っていたのはなぜか？

疑問2　営巣地外はクマゲラが頻繁に通過したり，鳴き声が聞こえる高頻度利用地であるが，同様のトラップ調査で(4種が捕獲)アミメアリ(図50)の個体数が圧倒的に多かったにもかかわらず，クマゲラがアミメアリを捕食していなかったのはなぜなのか？　つまりクマゲラに捕食されるアリの種類が，ムネアカオオアリやトビイロケアリに特化していた理由はなぜか？

疑問1の解説　トラップに入らなかったからといって，トビイロケアリが生息していないことにはならないこと。トビイロケアリは割とどこにでも生息している普通種だが，どちらかというと林縁部や平地に多く，自然林内には少ないこと。それにもかかわらず大量に捕食されていることは，朽ち木や樹上に営巣可能でかつ大規模コロニーを形成するアリがムネアカオオアリ以外，生息していないからと考えられる。

疑問2の解説　アミメアリは1か所に巣を固定して個体数を増やすタイプではないこと。ほかのアリ類とは異なり，多巣性コロニーを形成し，ビバーク・放棄を繰り返しながら常に地上を移動していること。さらに，アミメアリの社会は世界でもあまり例がない女王アリが存在しない非カースト社会で，働きアリばかりが存在し，それらすべてが単為生殖により繁殖を行う(JADG 2003)。そのため，繁殖期には繁殖虫が生産されず，(餌としてみた場合)いつでも栄養価の低い働きアリばかりであることなど，生活史による違いがあること。またアミメアリが発する独特な臭いは，捕食者に対して忌避物質のような役割を果たしているかもしれないこと(大西　私信)などが考えられる。これらから，移動性の高いアミメアリがメイプルシロップ入りのトラップに大量に入ったことは不思議ではなく，利用しないのはもったいないとい

うほどクマゲラの生息環境中で高密度ではないこと。したがって，アミメアリはクマゲラにとって捕食しにくく，栄養効率も悪いことなどがあげられ，ムネアカオオアリとトビイロケアリに特化したのではないかと考えられる（藤井 2009）。

ここで一句

　　蟻の道　雲の峰より　つづきけん　　一茶

註）この蟻はアミメアリを指している

図51　クマゲラの親と雛（井上大介氏撮影）。北海道苫小牧市。2008.6.

は15.5％，2羽が47％，3羽が35.5％，4羽が2％で，2羽の場合がもっとも多く，平均は2.1羽としている．また性別の明らかな例で性比を見ると，雄＞雌が8例，雄＝雌が17例，雄＜雌が20例で，どの場合が多いとはいえない（χ^2-test：$\chi^2=5.2$, $df=2$, $P>0.05$）．さらに性比は雄：雌＝2：3に近似し，有意に雌が多い（χ^2-test：$\chi^2=4.167$, $df=1$, $0.01<P<0.05$）とし，1：1の均衡が崩れていることを指摘している．

　有澤（1993）は1腹卵数を通常3～4卵としており，これらを本州産にもあてはめると，産卵から巣立ちまで1腹あたり1～3羽（または1～3卵）が死亡していることになる．同様に北海道では1腹あたり1～2羽（または1～2卵）が死亡している（小西ほか 1993）ことになる．

　したがって，クマゲラの繁殖にとって本州より北海道の環境のほうが優れている，もしくは人為的攪乱が少ないことを示唆し（藤井 2011），本州の性比のアンバランスは，ブナ林という環境下におけるさまざまな攪乱の結果であるのかもしれない．

繁殖期の行動と日周活動

（1）造　　巣

　北海道富良野では，例年3月中旬ころから始まり，雄がなわばり内に営巣木として理想的な樹木を数本選ぶ．しかし，このころはまだ気まぐれで，掘りかけのまま数日間放置したり，別の樹に移って同じような穴を掘ってみたりして本腰を入れない．しかし，3月末から4月初めになると雌も造巣作業に参加し，営巣木決定となる．その後，日中1～2時間程度の造巣活動が数日間つづき，穴を拡げながら掘り進んでいくのだが，ときおり小休止し，のけぞるようにして巣入り口の形を凝視し，気に入った形（左右対称の釣り鐘形）になるまで（図52, 53）熱心に修正を加えていく．さらに造巣作業にも熱がこもるようになると，日中の4～5時間を費やし，交代で行われる．つがいにとってこの造巣作業は，相当に体力的消耗をきたし，極度の空腹状態になっていることは間違いない（有澤 1993）（図54）．

（2）交　　尾

　産卵の約1か月前から，複数回，交尾が行われる．鳥類における交尾の呼

52　I部　日本のクマゲラ

図52　造巣中のクマゲラ(井上大介氏撮影)。北海道苫小牧市。2004.5

びかけはたいていの場合,雌のようだが(浦野 2004),クマゲラにおいては雄からのほうが多いようである。呼ばれた雌は広葉樹の横枝が水平に伸びた枝に移動し,黙って前傾姿勢をとり雄の接近を無言で待つ。そして交尾(図55)・飛去となる。

(3) 産　　卵

　北海道中央部の調査(北海道保健環境部自然保護課 1990)では,繁殖に対する悪影響が危惧されるため,巣内を見ることはしなかった。筆者らによる本州での調査の場合は,繁殖地がブナ林の奥深い地にあり,産卵期にまったく

図 53　左右対称の巣穴(本州産クマゲラ研究会提供)。秋田県森吉山。2011.6.18

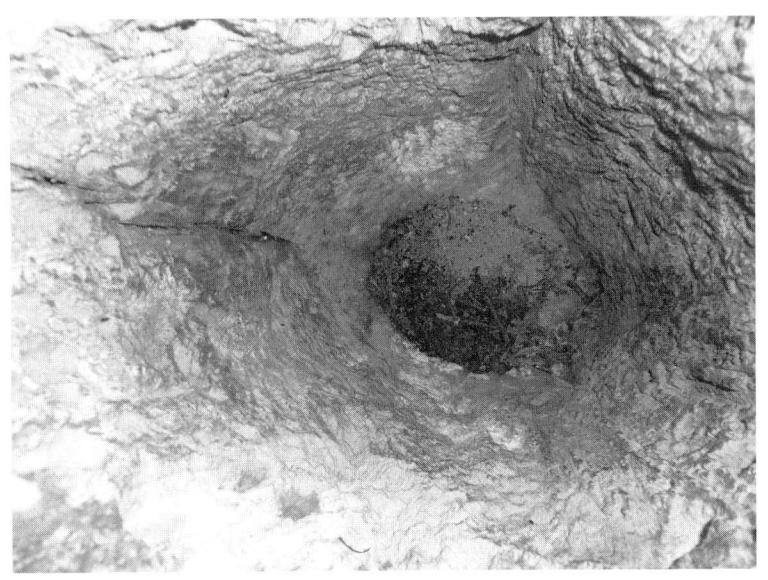

図 54　巣内部(本州産クマゲラ研究会提供)。秋田県森吉山。2011.6.18

図 55 交尾(井上大介氏撮影)。北海道苫小牧市。2006.04.26

除雪が行われていないことから，アプローチは困難であることがわかる。この時期に何度か山スキーなどで接近を試みたが，いずれも産卵行動は確認できなかった。したがって，ここでは有澤(1993)による行動記録に依存する。以下，そのときの雌の特徴的行動を①，②とした。

①産卵前日あたりから突然，早朝に飛来するようになる。その時間帯は，午前5時前でほぼ一定である。最終卵を産み終えた翌日からは，その行動をとらなくなる。

②1時間半におよぶ長時間の在巣と巣穴内で沈黙する不活発性の時期。

このようにして，クマゲラは毎朝1個ずつ産卵し，1腹あたり2～5個，普通は3，4個の卵を産むことになる。なお卵は，北海道も本州も白色無斑で，長径34 mm×短径25.2 mm，重さ11.25 g程度であった(有澤 1993，藤井 1999)。

(4) 抱　　卵

抱卵は巣をあけることなく，雌雄交代で約2週間あたためられる(図56)。

図 56　抱卵交代(本州産クマゲラ研究会提供)。秋田県森吉山。2011.5.14

ただし，夜間は雄が在巣する(有澤 1993，藤井 1999)。これは，日本産キツツキ類に共通する生態のようである。北海道保健環境部自然保護課(1990)によると，日中(4：00～19：00)における抱卵率は雌雄間で差はなかったが，夜間も含めると有意に雄の抱卵時間が長かった($P<0.01$)。当初は産座に何も敷かないものと思われていたが，その後の観察で厚さ 30～40 mm ほどの木粉を敷きつめ，保温剤とすることが判明している(笹森 私信)。

(5) 抱　　雛

孵化したての雛は，無毛の丸裸で，眼もあいておらず，極めて弱々しい。親は抱卵期と同様，巣を留守にすることもなく抱雛をつづける。交代時間は給餌の必要性からか，これまでより短縮されてくる。また，雛が未成熟の場合や，悪天候で気温が低い場合には，抱雛行動のほうに重点がおかれる。しかし孵化後，1 週間を経過すると，抱雛中心型行動がくずれ，給餌中心型行動に移行する(図57)。孵化後 10 日を過ぎるあたりには，雛は外からでも聞こえる声で空腹を訴えるようになり，これまでのように巣内での抱雛はまっ

図57　給餌後に顔を出す（本州産クマゲラ研究会提供）。青森県白神山地。2006.6.12

図58　給餌中（井上大介氏撮影）。北海道苫小牧市。2004.6.24

たく見られなくなる。そして，ほぼ1時間間隔で交互に餌を運んでくるまでは，雛だけでいる時間となる。しかし，夜間だけは雄が巣に留まる（有澤 1993）。

(6) 給餌・糞運び

給餌（図58）も抱卵期同様，雌雄交代で行われる（有澤 1993，藤井 2011）。白神山地での給餌回数は，表1のようであった（藤井 2009）。したがって，すべてのステージにおいて，雌雄間の有意差はなかった（χ^2-test：前期；$\chi^2=0.016$，中期；$\chi^2=0.140$，後期；$\chi^2=0.195$，全体；$\chi^2=0.315$，d$f=1$，$P>0.05$）。

雛の糞および巣内部の糞は，雛が小さいときには，親が飲み込んでいたのか，巣を出るときに何もくわえていなかった。藤井（2009）は糞運び（図59・60）を育雛前期から巣立ち前5日まで観察し，雄で出巣回数92回に対し41回，雌で出巣回数95回に対し44回確認している。雌雄間における有意差はなかった（Mann-Whitney U-test，両側検定 $Z=0.442$，$P>0.1$）としている。北海道保健環境部自然保護課（1990）も，1日あたりの糞運び回数は雌雄間で有意差がなかったことを報告している。

(7) 巣 立 ち

藤井（2009）によると，本州で直接確認できた27個体のうち，もっとも早い巣立ち時刻は5：05，もっとも遅かったのは18：41で，平均は9：31であった。そのうち，午前中に巣立ちした個体が21個体で78％，午後は6個体の22％となり，午前のほうが有意に多かった（χ^2-test：$\chi^2=8.333$，d$f=1$，$0.001<P<0.01$）。さらに，9時前が16個体で59％，9時以降は11個体で41％となり，有意差はなかった（χ^2-test：$\chi^2=0.926$，d$f=1$，$P>0.05$）。なお，

表1 繁殖期におけるステージごとの雌雄給餌回数（2008）（藤井 2009）

	雄	雌	計
育雛前期	30	31	61
育雛中期	55	59	114
育雛後期	39	43	82
育雛期全体	124	133	257

58　I部　日本のクマゲラ

図59　糞をくわえる(本州産クマゲラ研究会提供)。秋田県森吉山。2010.6.26

図60　糞をくわえて出巣(井上大介氏撮影)。北海道苫小牧市。2005.6.23

巣立ち時間と性別が判明している 24 個体について巣立ち時間を比較したが，性別による有意差はなかった(Mann-Whitney U-test，両側検定 U = 59，$P >$ 0.05)。また，1 つがいあたりの平均巣立ち雛数は 2.1 羽となり，平均の巣立ち日は 6 月 14.2 日であった(図 61・62)。

3. 声およびドラミング

クマゲラの声を間近で聞いたことのある方ならば，その声が独特で非常に特徴ある声であることは，理解できるものと思う。このクマゲラの音声がもつ生態学的役割を知るために声紋を分析した先行研究に Cramp (1985) や小笠原 (1988) がある。その音声を発するときの行動様式を，以下に引用する。

①キャー(Kijäh)音：
　ねぐら木や営巣木およびそれらの周辺でよく聞かれ，基本的音声のうちでも，もっとも頻繁に聞かれる(小笠原 1988)(図 63)。

②コロコロ(Kürr)音：
　専ら飛翔時にのみ発せられ，連続した高い音声である。営巣木やねぐら木に帰るときによく聞かれ，ときには餌場から移動する折にも聞かれる(小笠原 1988)。筆者らの観察では，①も②も観察者の存在に気づいた折，もしくはほかの鳥獣の存在を認知した際に頻繁に発せられ，それ以外では発せられていなかったことから，警戒音にも分類されると推測している(藤井 2007)。

③クックレア(Kijäk)音：
　雌雄の確認のために用いられる。雌雄が出会いの折りの挨拶に用いるときにはやわらかく聞こえ，お互いが近すぎたときには，その音声はかなりきつく変化する(Cramp 1985)。筆者らの観察では，繁殖期，巣口で雌雄交代の際に頻繁に聞こえる。ニャーという声で聞きなしたが，ビデオおよびテープレコーダーで音量を高くして再度聞くと，やはりクックレアであった。

④クイッ(Kwih)音：
　Advertising calls(アドバタイジングコールズ，宣伝歌)と呼ばれる

60   I 部　日本のクマゲラ

図 61　巣立ち前の雛(本州産クマゲラ研究会提供)。秋田県森吉山。2010.7.1

図 62　巣立ち後の雛(井上大介氏撮影)。北海道苫小牧市。2005.7.13

図63 キャー音を発する(本州産クマゲラ研究会提供)。秋田県森吉山。2010.6.18

(Cramp 1985)。つがい間，親子間あるいは親と巣立ち雛との間での交信に役立っている(小笠原 1988)。特に，春先のつがい形成期にこの音声を盛んに発していた。クウェクウェというように聞こえ，ねぐら入りした後でも口笛(フイッ)に反応し，出てきて，同音声を発する場合もある。また，育雛期には巣穴内の雛もこの口笛に反応し，いっせいに騒ぎ立てることもある。

⑤ドラミング(Drumming)：

テリトリーの維持，つがい相手の誘因，性的刺激などと関連し，雌雄ともに行う。おもに2〜8月に盛んである(小笠原 1988)。北海道環境保健部自然保護課(1990)も表現は多少異なるが，同様のことを観察している。筆者らの観察では，抱卵期，つがい相手に限らず，異種の

キツツキ科のドラミングに対しても，反応する場合がある。クマゲラのドラミングのインターバルを平均すると，40〜50秒程度である。

ひっそりと繁殖中(本州産クマゲラ研究会提供)。青森県白神山地。2003.6.6

第4章
クマゲラと樹木の関係学

　クマゲラが生きていくために使い分けて利用している樹は，概ね3種類ほどある。1つ目は抱卵し雛を育てるための営巣木，2つ目は寒さや天敵から身を守り夜間寝泊まりするためのねぐら木，3つ目が餌をとるための採餌木である。このほか，用途によってより多くの分類も可能であるが，ここではこの3種類について述べる。

1. 営 巣 木

　本州の場合，営巣木はブナ生木(図64)がすべてである。胸高直径70 cm内外(70.1±10.8 cm)のまっすぐな樹形で，下枝が10 m以上(10.2±3.8 cm)と高く，樹皮にはコケやツタなどが絡まらず，白っぽいなどの共通点が見られる。また，縦約15 cm，横約10 cmの長楕円形の巣穴が通常1個である(藤井 1995, 2011)。
　一方，北海道においてクマゲラが使用する営巣木は，胸高直径40 cm以上のまっすぐな樹形で滑らかな樹幹をもつものであり，下枝が高いものを使用し，その樹種は針葉樹，広葉樹のいずれを使う場合もある(有澤 1993)。
　本州がすべてブナ生木であるのに対し，北海道はトドマツ，アカエゾマツをはじめとする針葉樹のほか，ヤマモミジ，ミズナラ，ハリギリ，シラカン

図64 本州最大級の営巣木(本州産クマゲラ研究会提供)。青森県白神山地。2008.6.21

バ，アサダ，ダケカンバ，カツラ，ケヤマハンノキ，シナノキ，ドロノキ，イタヤカエデ，オヒョウなどの広葉樹(北海道保健環境部自然保護課 1990)や，ほかにもブナ，ヤチダモ，ホオノキ，そしてスギなど18種が使用されている。そのなかでもトドマツが20％を占めている(長谷 2005)。

さらに有澤(1991)は，営巣木64本のうち，トドマツ41例(64.1％)を筆頭に，ダケカンバ5例(7.8％)，シラカンバ4例(6.3％)，チョウセンヤマナラシ3例(4.7％)，ケヤマハンノキ3例(4.7％)，ウダイカンバ2例(3.1％)，そのほか1例(1.6％)ずつとして，ストローブマツ，ドロノキ，ハルニレ，アサダ，オオバボダイジュ，エゾマツをあげている。トドマツとそれ以外の樹種では，トドマツを有意に多く利用していた(筆者計算では，χ^2-test：$\chi^2=7.230$，$df=1$，

$0.001 < P < 0.01$)。

したがって，前述した樹種をすべて数えると，23種が北海道では使用されたことになる。このように多様な樹種が使用されていることは，北海道におけるブナの分布が黒松内を北限とすることと関連があるものと考えられる。さらに，有澤(1993)は73例の営巣木をタイプ別に分類し，そのなかから樹形がまっすぐなものを61本とし，まっすぐではないものを12本としている。したがって，樹形のまっすぐなタイプの樹が有意に選好されている(筆者計算では，χ^2-test：$\chi^2 = 32.890$, $df = 1$, $P < 0.001$)と考えられる。すなわち木目が縦にまっすぐに通っているという観点からトドマツが多く選好されているものと考えられる。

なお，本州も北海道も一度使用された営巣木の巣穴は，異変がない限り3〜5年連続使用される(有澤 1993, 藤井 2007)。

2. ねぐら木

ねぐら木の条件は，ほぼ営巣木と同様である。なかが空洞化したシナノキなどの枯れ木に1〜9個の穴をあけて，ねぐらとして利用することが北海道で判明している。しかし，クマゲラに限らずキツツキ科鳥類は，一般に雌雄それぞれが夜間，雨風・寒さをしのぎ，天敵から身を守るためのねぐら木をもち，別々に就塒する。おもに夜間使用されるものであるから，営巣木ほど吟味されてはいないものの，穴が行き止まりの1個しかない生木から，穴が複数個あり，なかが空洞化しているため内部で連結した半枯れ木や枯れ木までがねぐら木として使用されている(図67・68)。なお北海道で確認されたねぐら木の樹種は，シナノキがもっとも多く，次いでダケカンバ，トドマツとなっている。

秋田県森吉山で調査した小笠原(1988)は，北海道の例と類似した条件の樹が7か所で7本認められ，すべてブナであることを報告している。筆者らも本州において実際に使用中のねぐら木を確認した記録は，少数ながらすべてブナばかりで，それ以外の樹種では確認できていない。

柳原(2002)は，ねぐら木の場合はブナ以外の樹種も使用しているとしてい

コラム⑨　電柱に営巣しようとしたクマゲラ

　北海道大学苫小牧演習林で観察していた井上氏からの報告である。北海道電力が立てた電柱に営巣しようと，せっせと巣穴を掘ったクマゲラ(図65・66)についてである。3月に木製電柱(クレオソート塗布のもの)に上半身が入る程度になっており，その後，巣穴が反対側に貫通していた。困ったのは研究林側と電力側で，どのようにしたらよいか？　思案した次第。結局，「代理木」が研究棟前の樹木に取り付けられた。営巣用の樹選好性が，通直であることの証明でもあるようだ。問題は，樹皮表面に巻かれてある鉄製の金属が邪魔にならないのか？ということである。

図65　電柱巣穴のクマゲラ(井上大介氏撮影)。北海道苫小牧市。2006.5.2

図66　出入りするクマゲラ(井上大介氏撮影)。北海道苫小牧市。2006.5.2

図67　雌のねぐら木(本州産クマゲラ研究会提供)。秋田県森吉山。2011.7.22

図68　ねぐら穴の拡大(本州産クマゲラ研究会提供)。秋田県森吉山。2011.7.22

るが，これはねぐら木を半枯れ木で複数穴があいているものと定義しているからである。しかし，実際にそれらの木を利用しての就塒行動は未確認であるから，ブナ以外にシナノキ，サワグルミ，トチノキ，イタヤカエデといった広葉樹があげられているのである。なお本州も北海道も共通しているのは，生後19～21日程度まで雄親が営巣木に就塒し，雛の巣立ち後，営巣に使用した巣穴を雄がねぐらとして利用していたこと(小笠原 1988，有澤 1993，藤井 2011)である。これはさらに翌年の繁殖期に改築後，再度，営巣用として使われ，その間，近場には将来的に営巣木として使用可能なブナ(営巣候補木と呼ぶ)に，試し掘り用の穴が穿たれている(図69)こともたびたびである。

図69 ためし掘りの穴(井上大介氏撮影)。北海道苫小牧市。2006.3.22

図70 キタゴヨウ生木の採餌痕(本州産クマゲラ研究会提供)。青森県白神山地。1993.4.24

3. 採餌木

　採餌木は，本州も北海道も針葉樹と広葉樹の多岐にわたる。生木であった営巣木に空洞が生じ，複数個の穴があけられたねぐら木として利用された後，アリやカミキリムシなどの侵入により枯れ木に移行した樹種がおもに利用されている。しかし冬期間，アリ類の侵入がある場合には，生木に近い樹種でも採餌痕はつくられる(図70・71)。

　また，本州産クマゲラの保護とその生息地保全の必要性を提言した白神山地クマゲラ調査グループの小笠原昶代表は，キツツキ科鳥類の自然界における役割を，次のように意義づけている。「クマゲラは採食のために老木・枯

図 71 ヤチダモの採餌痕(本州産クマゲラ研究会提供)。北海道美唄市。1997.4.26

れ木を,ねぐらのために生立木や空洞化した枯れ木を,営巣のために巨大生木を,などそれぞれ異なった発育段階の木を森林内で利用している。広大な森林のなかに点在する枯れ木などが多くの昆虫類を生産し,クマゲラの生存を支えている一方,クマゲラは啄孔によって枯れ木の倒壊を早め森林の天然更新を促進している。この共存のしくみが両者を支えてきたものと思われ,本地域がクマゲラ生息地南限地として保持されてきた理由のひとつと考えられる」(日本自然保護協会 1986)。独立採算制度の名の下,林業生産の場としての国有林のあり方に一石を投じた科学的視点での主張である。

4. ねぐら木と営巣木の距離

筆者らのこれまでの調査で明らかになった営巣木から実際に就塒しているねぐら木までの直線距離は,表2に示すとおりである。前述したとおり,繁

表2 本州での営巣木からねぐら木までの距離

	虎ノ沢	尾太	笹内A	笹内B	森吉A	森吉B	森吉C	奥赤石
距離	750 m	800	500	12	50	425	1,125	95
性別	雌	雌	雌	雌	雄	雌	雄	雄
確認年	1992	1991	1999	1999	2002	2011	2013	2008
確認月	6	5	6	6	10	6	10	6

殖期は孵化後3週程度までは雄が営巣木に夜間も残ることが知られている（藤井 2011）。しかし，雌は営巣木以外の自分のねぐら木で就塒する。そのため，本州では雌のねぐら木がほとんど確認できていなかった。これまでわずか8本ながら判明したものの，雌のねぐら木はすべて繁殖期に明らかになったものである。営巣木からねぐら木までの距離は，Mean ± S.D. = 470 ± 378 m，最短12 m，最長1,125 mで範囲 = 1,113 mである（表2）。したがって，営巣木から1 km前後に，複数本が点在しているものと考えられる。

一方，北海道の有澤（1993）によると，18か所の営巣場所から得た24例（雄13，雌11）中，最短が雌の55 m，最長が雌の605 mで，24例すべての平均が329 m，範囲が550 mとし，通常は300 m以内としている。

今後さらにデータを蓄積することで，ねぐら木の点在位置から，1つがいあたりの繁殖期必要最低面積が推定できるかもしれない。

5. 営巣木およびねぐら木の条件と選好性

白神山地で営巣木およびねぐら木を計測した筆者らは，営巣木をすべてブナ生木とし，樹齢が経過するたびに内部に空洞化が生じやすくなることから，胸高直径の適正範囲を50 cm＜胸高直径＜85 cmとしている。そしてねぐら木の選好要因を，下枝が巣穴より上方にあるか下方にあるかではなく，下枝から巣穴までの距離が天敵をいち早く発見するうえで重要な鍵を握るとしている（藤井 2009）。北海道の有澤（1991）は38 cm＜胸高直径＜89 cm，35 cm＜巣穴直径＜59 cmとしているが，今後さらに多くのデータを提示し，営巣木選好性の決定要因を特定すべきである。本州と北海道（北海道中央部，東京大

学農学部附属北海道演習林)の営巣木データ(図72〜74)を部位ごとに対応のないt検定を行った結果(筆者計算)，樹高は本州が有意に高く，下枝高(かしこう)は北海道が有意に高いという解析結果となり，胸高直径と巣穴高は，相反する結果となった。

したがって，これらの結果からは，どちらが太いとか高いという断定的なことはいえない。さらに樹皮の平滑性では，12例中9例が平滑であることを指摘しているが(有澤 1993)，筆者計算では，χ^2-test：$\chi^2 = 3.000$，$df = 1$，$P > 0.05$ となり，必ずしも有意ではない。したがって，共通していえるのは「通直性(つうちょくせい)」である。

しかし，北海道の場合には，開発されて人間の生活圏に近い，通称「町場のクマゲラ」と生活圏から離れた「山手のクマゲラ」に分けられ(長谷 私信)，図72〜74の北海道が町場のクマゲラにあたり，東京大学が山手のクマゲラにあたるためではないかと推察される。今後は，その辺をしっかりと分けて議論すべきものと思う。

柳原(2002)は，北東北と北海道で営巣木およびねぐら木の選択に差が生じる理由として，天敵との兼ね合いを指摘している。つまり樹種・巣穴高と下枝高・樹高の違いから，北東北のクマゲラは地上からの天敵の侵入に対応して，北海道のクマゲラより，厳密に営巣木およびねぐら木の選定を行っている可能性があり，その要因として北海道には生息しておらず，しかも木登りを得意とするツキノワグマ・ムササビ・ニホンザルの存在をあげている。天敵に手がかり足がかりを与えないためにも，「樹種は樹皮が平滑であるブナで，そのなかでも下枝高は11m以上のものを選定し，巣穴は9m以上で，下枝高より低い位置につくる」という習性が備わったものと考えられる。

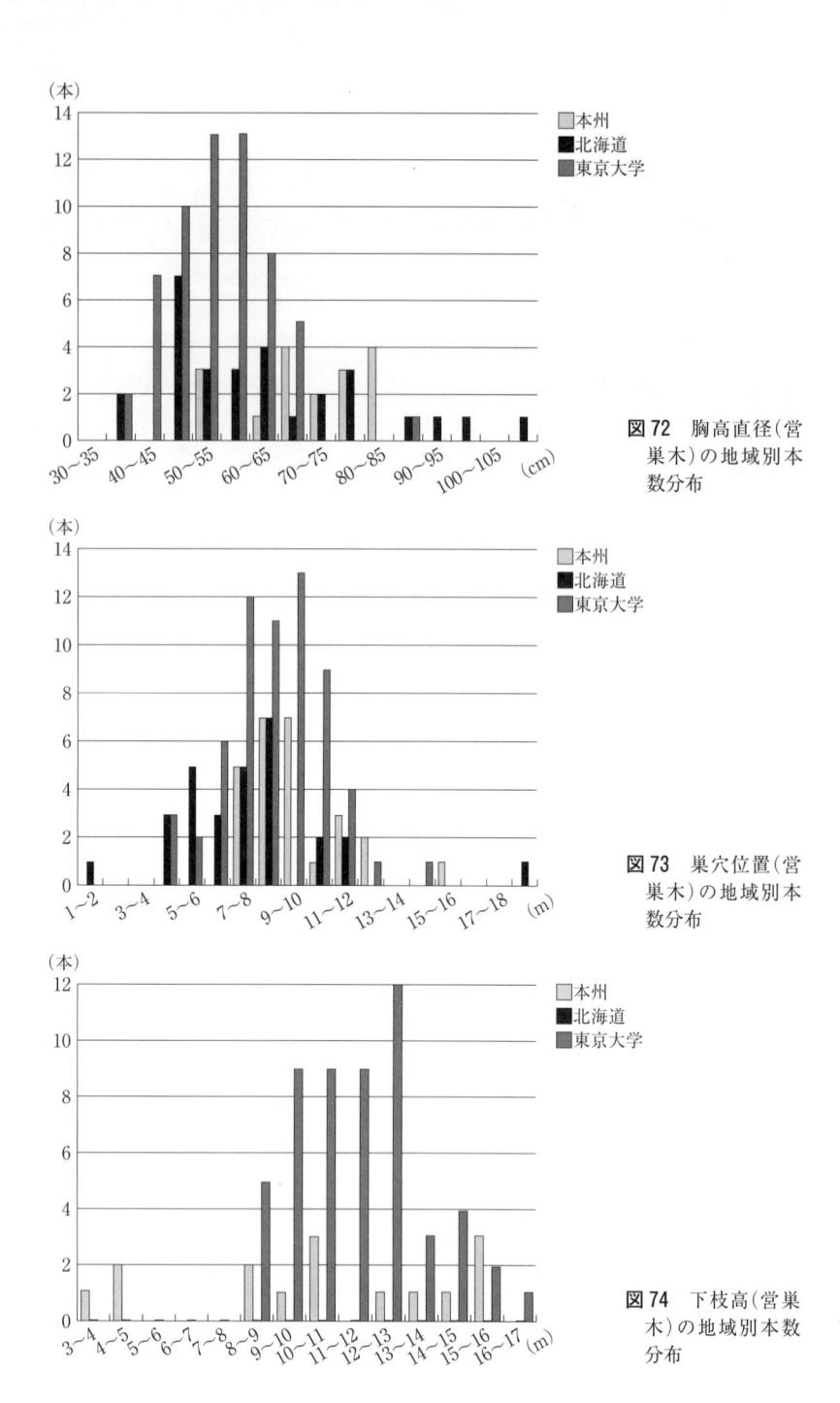

図72 胸高直径(営巣木)の地域別本数分布

図73 巣穴位置(営巣木)の地域別本数分布

図74 下枝高(営巣木)の地域別本数分布

第5章
クマゲラの保護

1. 生息に関わる環境

生息域

　現在，日本におけるクマゲラの生息域は，北海道全土(図75)および本州北部の青森・秋田・岩手の北東北三県である(有澤 1993，藤井 2003)(図76)。しかし，第1章の「クマゲラ研究小史」で記したように，宮城県図書館(伊達家から寄贈)所蔵の古記録「観文禽譜」には，クマゲラの雌の模写絵が記されており，江戸時代，すでにクマゲラの生息が確認されていた。

　その記録によると，仙台の産となっているほか，福島県会津や栃木県日光の地名が記されている。さらに「鳥名便覧」(南山 1830)には，左沢の地名が記され，これは現在の山形県左沢を指す。

　したがって，前述した地が人間活動による開発のため，現在クマゲラの生息適地として存在しないものの，北東北はもとより東北〜関東一円にクマゲラが生息していたことは想像に難くない。

生息環境

　北海道のクマゲラの生息環境は，自然に成立した森林で，トドマツを主体とした針葉樹と，ミズナラ，エゾイタヤ，ケヤマハンノキ，シラカンバ，シ

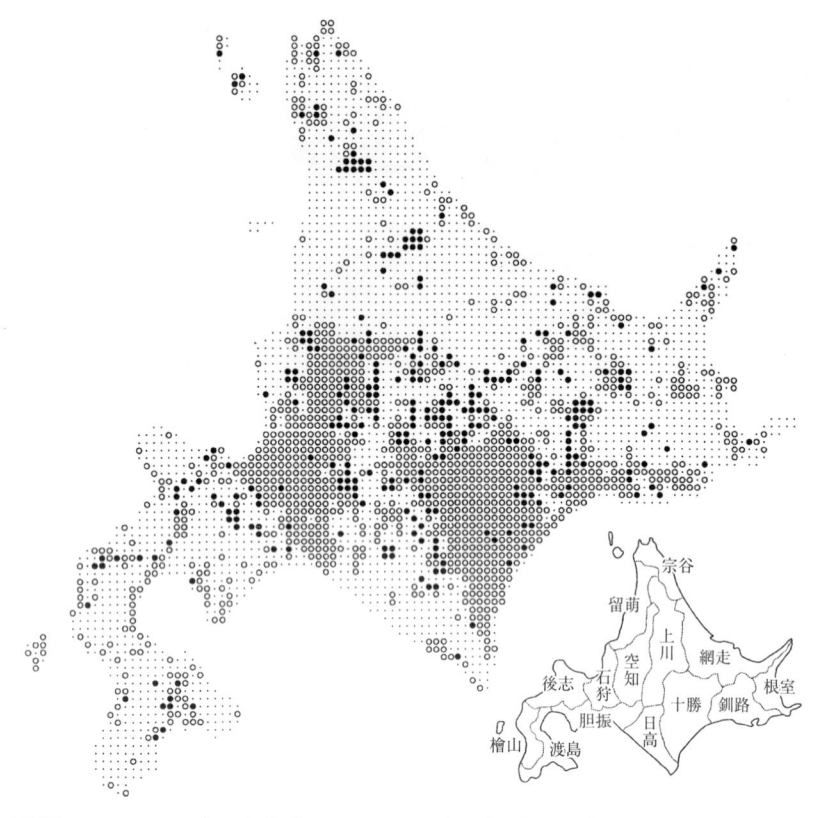

図75 1976〜2011年の北海道のクマゲラ分布図(藤巻 2013)。メッシュは5km四方で,黒丸はクマゲラが確認された所を示し,白丸は調査しても観察されなかった箇所,点は未調査箇所を指す。

ナノキなど,広葉樹の老大木が適度に混じりあって生えている(有澤 1993)。

これに対し本州の環境は,広域にわたって壮老齢の大木がある良好かつ発達したブナ林(図77)である(小笠原 1988)。ブナ林内はブナの幼木から古木まで多様な年齢構成をもった極相林を形成し,沢の周辺にはサワグルミが多くなるだけで,大半がブナである(秋田県 1977, 1978)。

白神山地や南八甲田でクマゲラ調査を実施した中村(2009)は,営巣木の大きさの条件だけではなく,餌の確保の問題にも言及し,冬期に3mもの積雪がある地域では,積雪期でも積雪上で利用可能な食物の供給源となる立ち

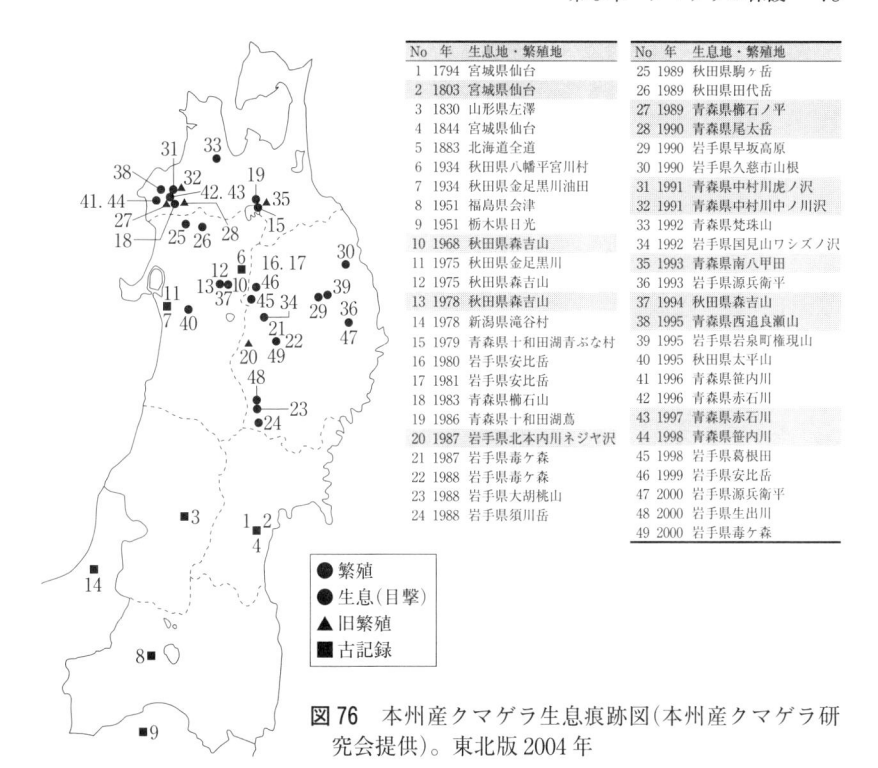

第 5 章　クマゲラの保護　75

No	年	生息地・繁殖地
1	1794	宮城県仙台
2	1803	宮城県仙台
3	1830	山形県左澤
4	1844	宮城県仙台
5	1883	北海道全道
6	1934	秋田県八幡平宮川村
7	1934	秋田県金足黒川油田
8	1951	福島県会津
9	1951	栃木県日光
10	1968	秋田県森吉山
11	1975	秋田県金足黒川油田
12	1975	秋田県森吉山
13	1978	秋田県森吉山
14	1978	新潟県滝谷村
15	1979	青森県十和田湖青ぶな村
16	1980	岩手県安比岳
17	1981	岩手県安比岳
18	1983	青森県櫛石山
19	1986	青森県十和田湖蔦
20	1987	岩手県北本内川ネジヤ沢
21	1987	岩手県毒ヶ森
22	1988	岩手県毒ヶ森
23	1988	岩手県大胡桃山
24	1988	岩手県須川岳

No	年	生息地・繁殖地
25	1989	秋田県駒ヶ岳
26	1989	秋田県田代岳
27	1989	青森県櫛石ノ平
28	1990	青森県尾太岳
29	1990	岩手県早坂高原
30	1990	岩手県久慈市山根
31	1991	青森県中村川虎ノ沢
32	1991	青森県中村川中ノ川沢
33	1992	青森県梵珠山
34	1992	岩手県国見山ワシノ沢
35	1993	青森県南八甲田
36	1993	岩手県源兵衛平
37	1994	秋田県森吉山
38	1995	青森県西追良瀬山
39	1995	岩手県岩泉町権現山
40	1995	秋田県太平山
41	1996	青森県笹内川
42	1996	青森県赤石川
43	1997	青森県赤石川
44	1998	青森県笹内川
45	1998	岩手県葛根田
46	1999	岩手県安比岳
47	2000	岩手県源兵衛平
48	2000	岩手県生出川
49	2000	岩手県毒ヶ森

● 繁殖
● 生息(目撃)
▲ 旧繁殖
■ 古記録

図 76　本州産クマゲラ生息痕跡図(本州産クマゲラ研究会提供)。東北版 2004 年

枯れ木の存在，および営巣木から主要行動圏内のどの距離にもブナ林が50％以上の割合で存在する配置であることや餌場として利用できる高齢のブナ林が高い割合で存在することが特に重要であることを論じている。

また，クマゲラ営巣地の植生環境を調査した Suzuki *et al.*(2007)は，調査営巣地の半分は，胸高直径 30〜70 cm クラスのブナの分布が優占していることを示し，営巣木の周辺の林床が必ずしも開けていなかったという結果を提示した。そして，本州のクマゲラの営巣木やねぐら木の環境条件は，これまでより幅広い選択肢があることを指摘した。

したがって，今後，営巣木・ねぐら木のデータを増やすと同時に，それらの選好要因をより厳密に精査・解析する必要があろう。

図77 クマゲラ営巣地の林床(本州産クマゲラ研究会提供)。青森県白神山地。1999.5.15

クマゲラの巣穴を利用する鳥獣

　本州産クマゲラの場合，巣穴は生木に穿たれるため，巣穴内部の温度は枯れ木と比べ夏は涼しく，冬は暖かい。前田(1973)によると3月の樹洞内の温度は，生木で-5℃，枯れ木が-13℃で，その差は8℃にも及ぶ。そのため，クマゲラの巣穴はほかの鳥獣にとっても快適な環境と考えられる。本州・北海道でほかの鳥獣や昆虫がクマゲラの巣穴を利用した例として，以下があげられる。

　①本　州

　　ムササビ，モモンガ(図78)，ヤマコウモリ(図79)，オシドリ(図80)，ブッ

図78　モモンガが顔を出す(本州産クマゲラ研究会提供)。秋田県森吉山。2006.10.20

図79　ヤマコウモリの出産哺育コロニー(本州産クマゲラ研究会提供)。秋田県森吉山。2010.8.21

78　I部　日本のクマゲラ

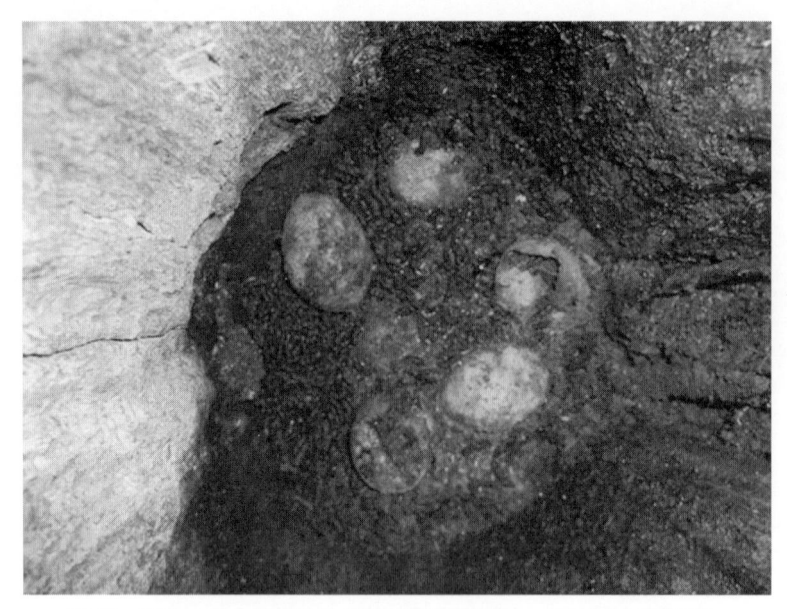

図80 産みつけられたオシドリの卵（本州産クマゲラ研究会提供）。秋田県森吉山。2010.8.21

図81 ゴジュウカラの壁塗り（本州産クマゲラ研究会提供）。秋田県森吉山 2012.5.20

郵便はがき

0608788

料金受取人払郵便

札幌中央局
承認

719

差出有効期間
H27年7月31日
まで

札幌市北区北九条西八丁目
北海道大学構内

北海道大学出版会 行

ご氏名 (ふりがな)		年齢 歳	男・女
ご住所	〒		
ご職業	①会社員 ②公務員 ③教職員 ④農林漁業 ⑤自営業 ⑥自由業 ⑦学生 ⑧主婦 ⑨無職 ⑩学校・団体・図書館施設 ⑪その他（　　　）		
お買上書店名	市・町　　　　　　　　書店		
ご購読 新聞・雑誌名			

書　名

本書についてのご感想・ご意見

今後の企画についてのご意見

ご購入の動機
　1 書店でみて　　　2 新刊案内をみて　　　3 友人知人の紹介
　4 書評を読んで　　5 新聞広告をみて　　　6 DMをみて
　7 ホームページをみて　　8 その他（　　　　　　　　　）

値段・装幀について
　A　値　段（安　い　　　普　通　　　高　い）
　B　装　幀（良　い　　　普　通　　　良くない）

HPを開いております。ご利用下さい。http://www.hup.gr.jp

ポウソウ，コノハズク，ゴジュウカラ(図81)，ハリオアマツバメ，アオゲラ，オオアカゲラ，オオスズメバチ，ニホンミツバチ，アカヤマアリ(藤井 1995，藤井ほか 2011)。

②北海道

エゾリス，エゾモモンガ，ホンドテン，オシドリ，カワアイサ，コノハズク，オオコノハズク，ヤマゲラ，エゾオオアカゲラ，エゾアカゲラ，エゾコゲラ，シロハラゴジュウカラ，シジュウカラ，ニュウナイスズメ，ミヤマカケス，エゾヤマセミ，ムクドリ，ブッポウソウ，キンメフクロウ，オオスズメバチ，ハエ(北海道保健環境部自然保護課 1990，有澤 1993，荒・東 2011)。

以上より，クマゲラの巣穴はクマゲラ自身にとっても森林に依存する鳥獣や昆虫にとっても重要な棲みかであることは間違いない。

2. 生息を脅かすさまざまな要因

撮影圧

近年のデジタルカメラの普及により，野鳥生態写真の撮影年齢層が大幅に広がった。特にクマゲラは，日本国内のカメラマンにとって一度は撮ってみたい野鳥で，非常に人気が高い。

アプローチが困難な本州では，クマゲラ撮影者は皆無に近い。しかし北海道のクマゲラ営巣木は，容易に接近しやすい森林公園や車を横づけできる位置などに多く，カメラマンによる撮影圧が高い(図82)。

長谷(2005)は，撮影圧による繁殖期のクマゲラによる狂乱的行動として①威嚇攻撃してくるもの，②巣穴から卵をくわえて捨ててしまうもの，③雛を巣穴から放り出してしまうもの，④警戒した親が給餌に訪れる回数が減って餓死する雛をあげている。

筆者は2005年6月の北海道大学苫小牧演習林で，孵化したばかりの雛を嘴にくわえて捨てに行く繁殖活動初経験の雌親(図83)を偶然にも観察した(藤井ほか 2005)。撮影圧からクマゲラを守るには，カメラマンに以下のマナーを徹底して守ってもらう必要がある。

①営巣木から最低でも50 m以内に踏み込まない。

figure 82 営巣木前に陣取るカメラマン(本州産クマゲラ研究会提供)。
北海道苫小牧市。2005.6.14

図83 雛をくわえるクマゲラの雌親(本州産クマゲラ研究会提供)。
北海道苫小牧市。2005.6.14

②撮影・観察の際には，必ずブラインドをはる。
③営巣地での金属音や話し声は，最小限にとどめる。
④クマゲラの生態を熟知したうえで撮影する。
⑤クマゲラをしつこく追いかけまわすような撮影は絶対しない。

　このほか，北海道のように公園や人家に近い所での営巣地の場合には，あらかじめロープやパーティションで侵入禁止領域を設けるのも一考であり，レンジャーによる監視や巡視も必要である。

伐採圧

　自然林の伐採量は太平洋戦争当時はもちろん，昭和の高度経済成長期に驚異的に増大している（工藤 1985）。戦中・戦後の乱伐過伐が，日本の山河を荒廃させたといっても過言ではない。東北をはじめとする東日本の国有林に残された主要な自然林であるブナ林も，1958年から開始された林野行政の「拡大人工造林計画」によって大面積皆伐を受け，その結果，各地で分断・縮小化されてしまった（工藤 1985）。それでも1990年6月18日付で青森営林局長から管内署長あてに出された通達「クマゲラ保護のための当面の措置」（資料1）は，内容はともかく，林野行政のクマゲラ保護への歩み寄りといえる。
　その後，青森営林局が組織した「白神山地におけるクマゲラと林業のための調査委員会」（座長：奈良典明弘前大学教授，事務局：現 日本森林技術協会）が1996年度（平成7~8年）に開催され，筆者も4名のなかの1委員に任命され審議を行った。その結果，「ねぐら木は営巣木として利用される場合もあることから，営巣木と同等に扱うべき」や「使用中の営巣木では禁伐区域を半径500 mとし，現在使用されていない営巣木では禁伐区域を半径200 mの範囲にするというのでは不十分」などの意見が提示され，委員全員の賛同を得た。そして，その成果が1999年（平成11年）2月3日付で改正案（資料2）として提示された。営巣木とねぐら木を同等に扱い，繁殖期に限りかなり古いものでも500 m範囲で伐採を見合わせる改正は，大きな前進であろう。しかし，一帯はクマゲラの行動圏であるという観点から，繁殖期に限らず保全されるべきものと考える。さらに当面のという前置きがあることから，21

世紀のクマゲラ個体群保護のための新たな通達に転換すべき時期でもある。

同様に2006年，北海道も森林管理局長名で「クマゲラ生息森林の取扱い方針」が出されている(資料3)。内容に問題を抱えているものの，保護への姿勢をみせている。しかし，保護の前提となる生息調査の位置づけがあいまいであり，運用が現場任せとなっている。保全するとしている営巣木や採餌木の伐採，営巣中に下刈りを行うなど，クマゲラ保護とは相反する林野側の行動も報告されている(長谷 私信)。

林野庁の独立採算制度が解体し，白神山地が日本初の世界自然遺産地域に指定され，それ以後の広域伐採はほとんどなくなった。しかし，縄文の時代から8,000年に及ぶ歳月により育まれた東北の森が受けたダメージは，あまりにも大きく，クマゲラの生息地を奪ったことはいうまでもない(図84)。現在，ブナをはじめとする広葉樹の植林がさかんに行われているが，クマゲラが使用可能な大きさに成熟するには，200年以上という膨大な時間と広域な空間が必要とされる。

そのほかの圧力

2011年3月11日に発生した東日本大震災による大津波の影響で，福島第一原子力発電所がメルトダウンし水素爆発に至った。その結果，放射能が大量に大気に放出・放散されたのは記憶に新しい。人類のみならず全生物に，近い将来，悪影響が出ることは想像に難くない。生物濃縮はもちろん，直接・間接による広域での放射能汚染が予測される。1986年に起きた旧ソ連のチェルノブイリ原子力発電所事故では，周辺に拡がるベラルーシ生物保護区において，食物連鎖の高位に位置する野生動物(オオカミ・タヌキ・イノシシ・ヘラジカ)の体内に蓄積されたセシウム137の含有量は，2010年時点でも増減の推移が激しく，未解明の高止まり状態であるほか，個体差も大きいという(松尾 2012)。

また，淡水魚で体内の放射性セシウムの濃度が最大になるまでの日数は，魚を補食する大型魚でプランクトンを餌とする小型魚よりも平均230日遅れることが広島大の土居秀幸特認講師(生態学)により報告されている(岩手日報 2012a)。鳥獣類の場合はどの程度なのか，解析されなければならない。

第5章 クマゲラの保護　83

図84　伐採跡に営巣木(本州産クマゲラ研究会提供)。青森県白神山地。1990.6.4

　現段階では，放射性物質が野生生物に与える影響については調査中で結論が出ていないものの，鳥獣の餌となり得るミミズからも検出されている(岩手日報 2012b)。福島原子力発電所事故による汚染規模は，チェルノブイリ以上である可能性もあり，放射能蓄積量が今後どの程度になるかは予測がつかない。日本は，人類がかつて経験したことのない未知の領域の闘いを野生鳥獣保護のうえでも，永久に強いられることになった。

3. 日本のクマゲラ保護対策

古記録による生息域推定と保護・保全対策

江戸時代に編纂された『観文禽譜』(堀田 1831),『本草綱目啓蒙』(小野 1803),『鳥名便覧』(南山 1830)によると, クマゲラ生息地は仙台, 左澤, 会津, 日光があげられているが, これは確実な情報の地だけが取り上げられているだけで, ブナ林への依存度が高い本州の場合には, 本州全土に及んでいたのかもしれない。

一方, 北海道ではユーカラ(yukar)というアイヌの口承による叙事詩があり, クマゲラはアイヌ語で「チプタチカプ」と呼ばれ, ローマ字では「cip-ta-cikap」と表記・発音される。「チプ=舟」「タ=掘る」「チカプ=鳥」の意である(萱野 1996)。しかし, いつの時代からクマゲラが生息していたかは, 文字による古記録がないため不明である。

Sibley & Ahlquist(1990)によると, キツツキ目キツツキ科のキツツキはすべての鳥類のなかでももっとも古い部類に属し, おそらく約6,000万年前の古第三期には出現しており, 約5,000万年前に分化したとされている。しかし出現時代の正確な特定は難しい。また, 針葉樹と広葉樹への依存度が高いことから, 生息域はやはり北海道全域に及ぶと考えられる。

このように考えると北方四島はもちろん, 日本のクマゲラは, 北海道から本州全土に生息域があったと考えられる。現在のように生息域が限定されたのは, 昭和時代の高度経済成長期の乱開発によるものが大きいのは自明である。

したがって, クマゲラの生息個体数復活には, 従来の生息地の修復・復元が重要となる。孤立分断化され, 限定されている現在のクマゲラの生息地どうしを緑の回廊(コリドー)で結合させることはもちろん, 繁殖地については一帯を藩政時代のような「御留林」に指定し, 個体数が安定状態になるまで人間の立ち入りを制限・抑制, 場合によっては禁止する必要もあろう。

さらに, 北米におけるホオジロシマアカゲラ *Picoides borealis* の個体数回復(Jaffrey 1996)を参考にすると, クマゲラが営巣可能であるブナ生木を選

別し営巣適木にするための枝打ちを行うこと，周辺の支障木は除間伐を行うこと，そして人工的に巣穴を掘るなど，積極的な保全策の検討・実行が早急に望まれる。

個体数の推測

日本のクマゲラ個体数は減少傾向にあるのだが，ヨーロッパのクマゲラは生息地を拡大するなど増加傾向にある。以下に，海外のクマゲラ個体群サイズを Gorman(2011)から引用する。

> アルバニア：300〜1,000 つがい，アルメニア：80〜150 つがい，オーストリア：4,500〜8,000 つがい，アゼルバイジャン：1,000〜2,000 つがい，ベラルーシ：45,000〜80,000 つがい，ベルギー：1,200〜2,600 つがい，ブルガリア：2,000〜3,000 つがい，クロアチア：1,000〜5,000 つがい，中国：減少傾向にあるが不明，チェコ：4,000〜8,000 つがい，デンマーク：200〜300 つがい，エストニア：2,000〜4,000 つがい，フィンランド：10,000〜20,000 つがい，フランス：8,000〜32,000 つがい，ドイツ：28,000〜40,000 つがい，ギリシャ：1,000〜2,000 つがい，ハンガリー：5,000〜9,000 つがい，イタリア：1,000〜4,000 つがい，カザフスタン：不明，韓国：1,000〜10,000 個体，ラトビア：6,000〜8,000 つがい，リトアニア：3,000〜6,000 つがい，ルクセンブルグ：100〜150 つがい，マケドニア：1,500〜5,000 つがい，オランダ：1,100〜1,600 つがい，ノルウェイ：2,000〜4,000 つがい，ポーランド：35,000〜70,000 つがい，ルーマニア：40,000〜60,000 つがい，ロシア：500,000〜1,000,000 つがい，セルビア：1,900〜2,600 個体，スロバキア：1,500〜2,500 個体，スロベニア：1,500〜2,500 個体，スペイン：1,000〜1,400 つがい，スウェーデン：22,000〜37,000 つがい，スイス：3,000〜5,000 つがい，トルコ：500〜1,500 つがい。

Fujii(2000)は，本州の個体数サイズを 29 つがいと見積もり，Ogasawara et al.(1994)は 174 羽と見積もっている。これに北海道の個体数を加えても，最大 500 羽程度というのが日本の個体群サイズになるだろう。したがって，個体数回復にはヨーロッパの生息環境や実態を十分把握し，日本に取り入れ

ることが可能ならば，積極的に試行・導入する必要がある。

1つがいあたりの行動圏の把握

　クマゲラを保護するためには，その生活圏である森林保護が必要不可欠であり，そのためには1つがいあたりの行動圏がどの程度かを把握する必要がある。

　本州での先行研究として以下の6報告がある。

　①クマゲラの生活痕とクマゲラの目撃位置，そしてクマゲラの声の確認位置から行動圏を推定した南八甲田(1,924 ha；中村ほか 1995)の報告。②確認した過去の営巣木すべてを2万5,000分の1の地図に落とし，隣接した営巣木間の最短距離から1つがいあたりの行動圏を推定した白神山地全体(1,134 ha；藤井ほか 1996)の報告。③人海戦術を駆使し繁殖期における1つがいを追跡した白神山地笹内川流域(1,256 ha；藤井 2001)の報告。④採餌痕の分布密度から推定された岩手県(3,000 ha；小笠原 1990)の報告。⑤青森県尾太岳(1,000 ha；Ogasawara $et\ al.$ 1994)の報告。⑥秋田県森吉山(1,000 ha；Ogasawara $et\ al.$ 1994)の報告などである。以上の6報告から計算すると，Mean±S.D.＝1552.3±719.6 ha(n=6)となる。

　一方，北海道では東京大学農学部附属北海道演習林の報告(250～300 ha；有澤 1991)がある。これは同時に14つがいが繁殖活動を行った森林内の隣接する営巣木からの距離で推定したものである。

　以上が，行動圏について具体的数値が提示されたものであるが，北海道と本州はもとより，本州内だけでも数値間に差があり，未だに確定的ではない。これは生息地環境の質の差異によるものが大きいと推測されるが，個体へのストレスを軽減するような手法を用いて，再度，精査する必要があろう。また，健全な遺伝子交流や個体群間交流を望むなら，孤立分断化されている部分は，人為的にでも連結・連続させることが重要となり(Fujii 2000)，21世紀の大きな課題でもある(反面，伝染病が発生した場合には，この回廊を伝って蔓延するという危惧もある)。

　北海道中央部のクマゲラ生息実態調査を実施した北海道保健環境部自然保護課(1990)は，現状把握の一環として，課題を次のように述べている。

①北海道におけるクマゲラの分布をより確実な観察資料にもとづいて作成すること。
②定期的に生息数の調査をして生息数変化の動向を知ること。
③そのために生息数調査方法を確立すること。
④営巣木・ねぐら木・採餌木，生息している森林の構造など生息環境の性質に関する資料を今後とも蓄積すること。
⑤1つがいが必要とする生息面積を明らかにすること。
⑥標識調査と標識個体の追跡調査を行う必要があること。
以上は，本州においても同様の課題であり，日本のクマゲラ個体群保護お

図85 本州のすばらしいブナ林(本州産クマゲラ研究会提供)。青森県白神山地。1995.5.5

よびその生息地保全(図85)のためには可及的速やかに実行されなければならない重要事項である。そのため，藤井(2011)は本州において以下を提言し，中村(2009)もほぼ同様のことを述べている。

①本州産クマゲラが選好する胸高直径60 cm内外の通直な営巣候補木周辺の支障木を除伐・間伐し，開けた環境にすること。

②営巣候補木の地上高10 mの位置に人為による穴をあけておくこと。

③下枝の低いブナの場合は枝打ちを行い，下枝高を12 m以上にすること。

④チシマザサを繁茂させないように注意しながら，クマゲラの天敵が侵入しにくい林床植生をつくること。

⑤採餌木となる大径木の枯れ木を適度に残すこと。

⑥このような作業を行う通称「空師」(森づくりのための専門的技術者を指す)の育成を行うこと。

⑦クマゲラの巣立ちが完了するまで，可能な限り人為的インパクトを加えないこと。

⑧繁殖中に営巣木に接近したり，撮影を目的とする人間を規制・監視するレンジャー制度の確立。

⑨孤立分断化されているブナ林どうしをブナの回廊により連結させる。

以上，積極的な保護施策が必要不可欠な時期にきている。

資料1 「青森営林局長1990.6.18通達」

平成2青計第19号
平成2年6月18日

署長殿

青森営林局長

クマゲラ保護のための当面の措置について

　天然記念物であるクマゲラについては，まだ東北地方における生息実績等も明らかではなく，まだ保護対策も確立されていないところであるが，国有林野事業実行に際して，クマゲラ生息地が事業実行予定地に含まれる可能性もあるところから，当局においては当面下記のより取り扱うこととしたので通知する。
　なお，今後，事案発生の際は，これにより適切な対応をするとともに，クマゲラに関する情報を入手した場合には，迅速に報告されたい。

記

1　生息確認調査
　事業実行予定地及びその周辺でクマゲラの生息に関する情報があった場合あるいはクマゲラによると思われる新しい食痕，穴木を発見した場合は，事業実行予定地及びその周辺について，営巣木，ねぐら木，採餌木を探索し，クマゲラ生息確認調査を行う。
　なお，調査にあたっては，必要に応じて専門家の判断を仰ぐものとする。
2　生息確認調査によってクマゲラの生息が確認された場合及び生息の可能性が高いとされた場合の森林の取り扱い。
(1) 営巣木周辺の森林の取り扱い
　①使用されている営巣木の場合(営巣中及び直前まで営巣していたことが明らかな場合)営巣木を中心として半径500m程度の範囲内を禁伐区域とする。
　　また，禁伐区域周辺の森林を伐採する場合についても，営巣木への影響が少なくなるよう，皆伐は極力避けることとする。
　　なお，造巣から巣立ちが行われる期間(おおむね3月～6月)は，営巣木を中心として半径1,000m程度の範囲内での事業実行は見合わせる。
　②現在は使用されていないが近年使用されたと思われる営巣木の場合，営巣木を中心として半径200m程度の範囲内に環境への影響が遮断されるような明瞭な稜線がある場合には，この稜線をもって区分線とする。
　　また，禁伐区域周辺の森林を伐採する場合についても，営巣木への影響が少なくなるよう，皆伐は極力避けることとする。

③使用の形跡がかなり古いと思われる営巣木の場合

　　　再使用の可能性を見極めることとし，見極めがつかない場合は，念のため営巣木を中心として半径200m程度の範囲内は皆伐を避けることとする。
(2) ねぐら木周辺の森林の取り扱い

　　ねぐら木を中心として半径200m程度の範囲内を禁伐区域とする。

　　なお，200m程度の範囲内に環境への影響が遮断されるような明瞭な稜線がある場合には，この稜線をもって区分線とする。

　　また，禁伐区域周辺の森林を伐採する場合についても，ねぐら木への影響が少なくなるよう，皆伐は極力避けることとする。
(3) 採餌木の取り扱い

　　現在使用されている採餌木及び今後採餌木として利用される可能性があると思われる枯れ木については，安全性等の面で事業実行に支障とならない場合は極力残存させる。
3　経過観察

　前記2の森林の取り扱いをした場合は，営巣木等について必要に応じ慎重且つ継続的に事後の経過観察を行う。

資料2 「1999(平成11)年2月3日付改正案」

平成11年2月3日

クマゲラ保護のための当面の措置について(**改正案**)

　天然記念物であるクマゲラについては，まだ東北地方における生息実績等も明らかではなく，まだ保護対策も確立されていないところであるが，国有林野事業実行に際して，クマゲラ生息地が事業実行予定地に含まれる可能性もあるところから，当局においては当面下記のより取り扱うこととしたので通知する。
　なお，今後，事案発生の際は，これにより適切な対応をするとともに，クマゲラに関する情報を入手した場合には，迅速に報告されたい。

記

1　生息確認調査
　事業実行予定地及びその周辺でクマゲラの生息に関する情報があった場合あるいはクマゲラによると思われる新しい食痕，穴木を発見した場合は，事業実行予定地及びその周辺について，営巣木，ねぐら木，採餌木を探索し，クマゲラ生息確認調査を行う。
　なお，**調査及び生息状況の判断に**あたっては，必要に応じて専門家の判断を仰ぐものとする。
2　生息確認調査によってクマゲラの生息が確認された場合及び生息の可能性が高いとされた場合の森林の取り扱い
　(1)営巣木及びねぐら木周辺の森林の取り扱い
　　①現在使用されている，若しくは近年使用されたと思われる場合
　　　営巣木を中心として半径500m程度の範囲内を禁伐区域とする。ただし，人工林の間伐及びつる切り等の保育作業については適切に行うこととする。
　　　なお，使用されている営巣木の場合，営巣期(おおむね3月～6月)は，営巣木を中心として半径1,000m程度の範囲内での事業実行はおこなわない。
　　②使用の形跡がかなり古いと思われる場合
　　　再使用の可能性を見極めることとし，見極めがつかない場合は，**前記①と同様に扱うこととする。**
　(2)周辺森林の取り扱い
　　　禁伐区域周辺の森林を伐採する場合についても，営巣木への影響が少なくなるよう，皆伐は極力避け，**択伐を行う際は，クマゲラの営巣に適した木の適切な保残に努めることとする。**
　　　また，現在使用されている採餌木及び今後採餌木として利用される可能

性があると思われる枯れ木については，安全性等の面で事業実行に支障とならない場合は極力残置することとする。
  (3)前記の他，クマゲラの生息環境改善を目的とした施行を行うことができるものとする。この他，必要に応じて専門家に意見を求めることとする。
3　経過観察
　前記2の森林の取り扱いをした場合は，営巣木等について必要に応じ慎重且つ継続的に事後の経過観察を行う。

筆者註：太字が改正部分

資料3 「2006.6.29付北海道森林管理局長名方針」

18北計　第27号
平成18年6月29日

各森林管理署署長　殿

北海道森林管理局長

「クマゲラ生息森林の取扱い方針」の制定について

　北海道の国有林において，クマゲラの保護を図りつつ森林施行を進めるために，別添のとおり「クマゲラ生息森林の取扱い方針」を定めたので，今後の事業実施にあたっては遺憾のないようにされたい。

分類番号：060108
保存年限：5年

担当：計画課　森林施行調整官
電話：011-622-5241
FAX：011-614-2652

クマゲラ生息森林の取扱い方針

1　目的

　近年，森林の有する公益的機能の発揮への期待が高まる中で，生物多様性保全観点から，野生物の生息・生育環境の保全に対する要求が高まっている。このような状況を踏まえ，北海道森林管理局においては，これまで，国内希少野生動植物種に指定されているシマフクロウについて，その保護のための森林の取扱いに関する方針を定めたところである。
　北海道においては，その全域にわたり天然記念物に指定されているクマゲラが生息しているが，こうした大型のキツツキ類は，営巣や採餌のために樹木に開けた穴を多くの樹洞性動物が利用するなど，生態系の要石の位置にある種（キーストーン種）であるとされており，保護を求める声が強い。
　このため，クマゲラの保護を目的として，その取扱いについて，以下のとおり方針を定めるものである。

2　保護区域等の設定

　営巣木保護区域及び緩衝区域等の設定は次のとおりとする。
　(1)営巣木保護区域

ア　設定目的
①クマゲラの繁殖活動を保護するため。
②営巣木周辺の生息環境の保全を図るため。
③必要に応じて繁殖期などに立ち入りを規制するため。
イ　設定範囲
営巣木を中心としたおおむね半径 50 m 以内の区域。
(2) 緩衝区域
ア　設定目的
営巣木保護区域に施行による影響が及ばないようにするため。
イ　設定範囲
営巣木を中心としたおおむね半径 500 m 以内の区域とし，林小班界，尾根，沢等の天然界を目安とする。
(3) その他の区域
ア　設定目的
保護区域及び緩衝区域外における採餌源，営巣候補木等の保残を図るため。
イ　設定範囲
クマゲラの行動圏として営巣木からおおむね 1,000 m 以内の区域とし，林小班界，尾根，沢等の天然界を目安とする。

3　営巣木保護区域，緩衝区域等における森林施行の取扱い
原則として以下のとおりとする。
(1) 営巣木保護区域
①営巣木の伐採は行わない。
②営巣木周辺におけるクマゲラの生息環境の変化を避けるため，間伐又は弱度の択抜以外の伐採は行わない。
③採餌源の保存を図るため，伐採，保育等の作業時に当たっては，作業の安全を確保する上で，特に支障のない限り，採餌木となる立木(枯木を含む。)や倒木は，極力，林内にとどめ置く。
④産卵・抱卵・育雛期間(4〜6月頃)は，立ち入りを控えるとともに，極力騒音や震動の発生の防止に努める。
⑤ねぐら木として利用されている立木等があれば，その保存に努める。
(2) 緩衝区域
①樹木の伐採は択抜及び間伐を原則とする。皆伐を行うことが必要な場合には，伐区面積は 5 ha 以下とし，更新後の平均樹高が 10 m に達するまでは隣接した伐区を設定しない。
②緩衝区域全体で数本を目安として営巣候補木の保存に努める。
③伐採，保育等の作業時に当たっては，作業の安全を確保する上で，特に支障のない限り，採餌木となる立木(枯損木を含む)や倒木は，極力，林内にとどめ置く。
④緩衝区域全体で数本を目安としてねぐら木の保存に努める。
(3) その他の区域
クマゲラの 1 つがいの行動圏(360 ha 程度)から，営巣保護区域及び緩衝区域を覗いた区域(営巣木からおおむね 1,000 m 以内)は，主として採餌区域となるほか，

営巣候補地でもあることから，区域内の森林施行に当たっては，営巣木保護区域及び緩衝区域に準じて営巣候補木及び採餌木(枯損木や倒木も含む)の保存に努める。

4 採餌木周辺の森林施行
新しい採餌掘跡の見られる採餌木の周辺においては，樹木内部の腐朽が進み，クマゲラの餌となるアリが多数生息している枯損木や倒木等の保存に努める。

5 営巣木が発見されない場合の生息区域内の森林施行
クマゲラの個体の存在は確認されるものの営巣木が確認されない場合については，次の点に配慮して森林施行を行う。
①クマゲラの生息環境の大きな変化を避けるため，伐区の面積が5ha以上となるような皆伐は行わない。
②択伐又は間伐を行う場合にあっても，営巣木，ねぐら木となる可能性の高い立木や採餌木となる可能性の高い立木の保存に努める。
③枯損木や頭木も採餌木として利用され得ることから，森林施行に支障のない範囲内で極力保護に努める。

6 一般入林者に対する対応
林道や歩道からおおむね50m以内の範囲に営巣木がある場合には，必要に応じて，次により注意喚起を行う。
(1)営巣木等が一般的に認知されていない場合
営巣木の箇所の特定に結びつかないよう林道の入口等への看板の設置，入林承認等により入林を抑制する。(別紙1参照)
(2)既に一般的に知られている場合
看板等の設置により，野生生物の生息や繁殖に影響がある等の行為を行われないよう注意を促す。(別紙1参照)

7 入林者への安全確保
国有林野には，管理経営のための入林はもとより，「レクレーションの森」への入林等の不特定多数による入林があり，また，クマゲラの営巣木，採餌木等は枯損木が多いことから，クマゲラの保護と入林者への安全確保との調整が重要である。

このため，林道や歩道の周辺に枯損木がある場合には，風倒等による入林者への危険を防ぐため，伐倒処理や立入規制を行うこととするが，伐倒に当たっては，周辺にある採餌木，営巣木等の候補となる枯損木の配置を十分に考慮するとともに，伐倒木は採餌源として現地にとどめ置く。

また，キノコ狩り，山菜採りの入林が極めて集中する地域では，森林内に枯損木が多く，倒れてくる危険があることを，地元への周知や林道入口等の看板等を設置するなど，注意喚起に努める。

なお，林道や歩道周辺の枯損木が現に営巣木として利用されていたり，営巣の痕跡のある場合は，入林者の安全確保や営巣環境の保全を図りつつ，学術研究者の意見も聴くなどして対応を検討する。

8 その他
①土木工事についても，原則として3，4及び5の森林施行と同様の取扱いを行う。
②林道のそばに営巣している場合には看板を設置して車両の徐行を促すなど，

騒音防止等のための注意喚起を行う。
③クマゲラが営巣中の営巣木が確認された場合には，速やかに森林管理局に報告する。
④クマゲラの生息状況，営巣木，採餌木等の状況については，その周辺で森林施行を実施するなど，情報の蓄積に努める。
⑤蓄積された資料の取扱については，クマゲラの保護の観点から，その開示を制限するなど十分配慮する。
⑥森林施行上の問題が発生した場合は，必要に応じて学術経験者の意見を聴く。

別紙1
看板の例
6-①看板例

```
お知らせ
ここから先への立入りについては，国有林の管理上支障がありますので，入林を禁止します。
        平成○○年○月○日
     林野庁　○○森林管理署
```

6-②看板例

```
お知らせ
野生生物が近くにおりますので，以下の行為は禁止します。
                    記
   一  巣への接近
   一  カメラ等によるフラッシュ撮影
   一  大声や騒音をたてる行為
         平成○○年○月○日
      林野庁　○○森林管理署
```

[引用・参考文献]

秋田県(2002). 秋田県の絶滅のおそれのある野生生物 2002 秋田県版レッドデータブック 動物編. 秋田県環境と文化のむら協会. 217 pp. 南秋田郡.

秋田県環境保健部自然保護課(1977, 1978). クマゲラ調査報告書(昭和52年, 53年). 20 pp.

青森県(2000). 青森県の希少な野生生物―青森県レッドデータブック. 青森県環境生活部自然保護課. 283 pp. 青森.

荒哲平・東淳樹(2011). クマゲラとその巣穴をめぐる樹洞利用生物の行動観察. 日本鳥学会.

荒俣宏(1987). 世界大博物図鑑 第4巻[鳥類]. 平凡社. 443 pp. 東京.

有澤浩(1991). クマゲラの営巣密度及び営巣木. 東大農学部演習林報告, 84：21-37.

有澤浩(1993). クマゲラの森から. 朝日新聞社. 230 pp. 東京.

有澤浩(1997). 北方系希少鳥類の保全と森林管理. 森林科学, 20：46-50.

Blume, D. (1973). Schwarzspecht, Grunspecht. Wittenberg-Lutherstadt, A. Ziemsen.

千羽晋示(1991). クマゲラ *Dryocopus martius martius*(Linnaeus)の食性. 自然教育園報告, 22：7-13.

Cramp, S. (ed.) (1985). Handbook of the birds of Europe. the Middle East and North Africa, 5. Oxford Univ. Press. 960 pp. New York.

del Hoyo, J., Elliott, A. and Sargatal, J. (eds.) (2002). Handbook of the birds of the World. Volume 7. Lynx Edicions. 613 pp. Barcelona.

藤井啓明(2009). 本州産クマゲラの繁殖期における雌雄分担とその生態に関する研究. 岩手県立大学総合政策研究科博士前期課程論文. 59 pp.

藤井忠志(1995). クマゲラにまつわる記憶. 盛岡タイムス社. 143 pp. 盛岡.

藤井忠志(1999). 本州のクマゲラ. 緑風出版. 197 pp. 東京.

Fujii Tadashi (2000). Studies on the home range of breeding period and the inahabiting populational estimation of Kumagera, Black Woodpeckers born in Honshu *Dryocopus martius*. Doctoral course, Graduate school of Unity. 45 pp. IOND University.

藤井忠志(2001). 本州産クマゲラの繁殖期行動圏とその生態. 森林科学, 32：59-63.

藤井忠志(2003). ブナの森から. 本の森. 120 pp. 仙台.

藤井忠志監修(2004). 北東北のクマゲラ. 東奥日報社. 123 pp. 青森.

藤井忠志(2007). 北東北 森の博物誌. 本の森. 193 pp. 仙台.

藤井忠志(2011). クマゲラの生態誌 25年の歳月を経て編集された本州産クマゲラの生活史. NTS. 103 pp. 東京.

藤井忠志・望月達也・小池幸雄(1996). 白神山地におけるクマゲラ繁殖地点間距離. ワイルドライフ・フォーラム, 2(1)：13-15.

藤井忠志・工藤敏雄・井上大介(2005). クマゲラの「子捨て」行動. ワイルドライフ・フォーラム, 10(2)：47-51.

藤井忠志・根深誠・金沢聡・五味靖嘉・福士功治(2011). クマゲラ(*Dryocopus martius*)の巣穴を利用する鳥獣―クマゲラの繁殖活動が遅れたのはなぜか. Wildlife Conservation Japan, 13(1)：37-40.

藤巻裕蔵(1992)．日本最大のキツツキ クマゲラ．動物たちの地球29 鳥類Ⅱ 5 キツツキ・ミツオシエ・オオハシほか，132-135．朝日新聞社．東京．
藤巻裕蔵(2013)．北海道におけるクマゲラの繁殖期の分布．山階鳥学誌，45：39-45．
長谷智恵子(2005)．北海道に暮らすクマゲラの現状．BIRDER，19(9)：30-32．文一総合出版，東京．
北海道保健環境部自然保護課(1990)．野生生物分布実態調査報告書 クマゲラ生態等調査報告書1990年3月．北海道保健環境部自然環境部自然保護課．109 pp．札幌．
北海道(2001)．北海道レッドリスト(北海道の希少野生生物リスト)．北海道生活環境部．札幌．
北方森林鳥類調査室(2010)．日本国内におけるミユビゲラの生息状況．BIRDER，24(10)：20．
堀田正敦(1831)．観文禽譜．伊達家．仙台．
Gerard Gorman (2011). The Black Woodpecker. A Monograph on *Dryocopus Martius*. Lynx Edicions. 184 pp. Barcelona.
岩手県(2001)．いわてのレッドデータブック 岩手県の希少な野生生物．岩手県生活環境部自然保護課．613 pp．盛岡．
岩手日報(2012a)．セシウム汚染魚種で日数差．岩手日報2012年1月20日付記事．岩手日報社．盛岡．
岩手日報(2012b)．ミミズ1キログラムから2万ベクレル 放射性セシウム食物連鎖に懸念．岩手日報社2012年2月7日付記事．岩手日報社．盛岡．
泉祐一(1988)．クマゲラと私．日本の生物，2(4)：4．文一総合出版，東京．
Jaffrey, R. Walters(1996)．ホオジロシマアカゲラの生態研究と保護．鳥をしらべる鳥をまもる，4-7．日本鳥学会．16 pp．東京．
環境省自然環境局野生生物課(2006)．鳥類レッドリストHPより．
加藤克(2012)．ブラキストン「標本」史．北海道大学出版会．348 pp．札幌．
川口孫治郎(1935)．クマゲラ *Dryocopus martius silvifragus*(Riley)に関する実験観察．鳥，8(40)：441-445．日本鳥学会．
萱野茂(1996)．アイヌ語辞典．三省堂．東京．
風間辰夫・土田崇重(2008)．日本で初採取されたチャバラアカゲラ *Dendrocopos hyperythrus* について．山階鳥類学雑誌，39(2)：124-126．
小堀脩男・武田稔・内貴英男・池長裕史(2007)．石川県舳倉島におけるチャバラアカゲラ *Dendrocopos hyperythrus* の観察記録．日本鳥学会誌，56(1)：60-62．
小高信彦(2005)．亜熱帯の森に暮らすノグチゲラの生活．BIRDER，Vol.19 No.9．文一総合出版，東京．
小西弘臣・鈴木利典・玉田克巳・藤巻裕蔵(1993)．北海道中央部におけるクマゲラの繁殖生態．山階鳥研報，25：76-92．
工藤父母道編著(1985)．滅びゆく森・ブナ．思索社．145 pp．東京．
熊谷三郎(1917a)．若柳地方ニ於ケル鳥類ノ方言．鳥，1(4)：46-47．
熊谷三郎(1917b)．ヤマドリの白子．動物学雑誌，29：427．
熊谷三郎(1919a)．カケスの灰変り[宮城県下産]．動物学雑誌，31：201．
熊谷三郎(1919b)．カケスの黒変種．動物学雑誌，31：293．
熊谷三郎(1920a)．宮城県下における鳥類の「渡り」と気温．動物学雑誌，32：

64-73.
熊谷三郎(1920b).　宮城県下における二三鳥類の繁殖期．鳥，2(10)：292-298.
熊谷三郎(1922a).　宮城県若柳附近における鴫，千鳥類の「渡り」(上)．鳥，3(14)：183-195.
熊谷三郎(1922b).　アネハヅルの新渡来地．鳥，3(14)：231-233.
熊谷三郎(1923).　宮城県若柳附近における鴫，千鳥類の「渡り」(下)．鳥，3(15)：269-288.
熊谷三郎(1923).　宮城県下鳥類の「渡り」調査．鳥，3(15)：317-320.
熊谷三郎・籾山徳太郎(1924).　二三の管鼻鳥類について．動物学雑誌，36：459-468.
熊谷三郎(1936a).　三貫島の一夜．野鳥，3(6)：465-470.
熊谷三郎(1936b).　*Oceanodroma castro*(HARCOURT)について．鳥，9(42)：142-154.
熊谷三郎(1936c).　ケイマフリの新繁殖地．鳥，9(42)：181-186.
熊谷三郎(1936d).　東北のヒメクロウミツバメ．鳥，9(43)：239-241.
熊谷三郎(1941).　東北地方のクマゲラとペンギン．野鳥，8(2)：86-92.
熊谷三郎(1942).　遠島甚句の鳥．野鳥，9(11)：737-751.
熊谷三郎(1943).　荒川沿岸のコジュリン．野鳥，10(8)：498-500.
熊谷三郎(1944a).　蝸牛と鳥．野鳥，11(1)：35-41.
熊谷三郎(1944b).　都鳥新考．亜細亜書房．138 pp．東京.
熊谷三郎(1948).　東北地方の海の鳥．郡山支部報，3：9-23.
熊谷三郎(1949).　まひるのコノハズク．野鳥，14(3)：81-83.
熊谷三郎(1950a).　ヨタカ，カッコウ，ツツドリ，オオジシギ，メジロ，コガラ，ヒガラ，エナガ．野鳥，15(4)：109-113.
熊谷三郎(1950b).　サシバ，ノスリ，ヤマドリ，ハチクマ，キクイタダキ，メボソムシクイ，キバシリ．野鳥，15(5)：134-137.
熊谷三郎(1951).　仙台附近の鳥(仙台郷土誌叢書3)．仙台郷土誌刊行会．121 pp．仙台市.
熊谷三郎(1952a).　仙台のクマゲラ．鳥，13(61)：12-15.
熊谷三郎(1952b).　フルマカモメと冬イワシ．郡山支部報，10：12-15.
熊谷三郎(1954a).　東北鳥界通信．野鳥，19(165)：276-278.
熊谷三郎(1954b).　宮城県にアマサギの迷行．鳥，13(64)：57.
熊谷三郎(1955).　雀の字義とシトト．野鳥，20(169)：54-55.
黒田長久(1987).　日本のキツツキ．採集と飼育，49(5)：194．財団法人日本科学協会．東京.
釧路市立博物館(1990).　第39回釧路市立博物館特別展「ブラキストン鳥類コレクション―津軽海峡と動物分布」目録．7 pp．釧路市.
前田喜四雄(1973).　日本の哺乳類(XI)翼手目ヤマコウモリ属．哺乳類科学，27：1-28.
松尾一郎(2012).　チェルノブイリ周辺動物のセシウム減らず．朝日新聞2012年1月19日付朝刊記事.
松岡茂(1992).　樹上での生活に長けたキツツキ目の鳥たちは，木や崖の穴に巣をつくり，独特のあしゆびを持つ．動物たちの地球29 鳥類Ⅱ 5 キツツキ・ミ

ツオシエ・オオハシほか，130-131．朝日新聞社．東京．
中村浩(1981)．動物名の由来「啄木鳥は"虫を取る"意」．東京書籍．240 pp．東京．
中村充博(2009)．北東北におけるキツツキ類の生物多様性保全のための森林管理技術に関する研究．岩手県立大学総合政策研究科博士論文．
中村充博・由井正敏・鈴木祥悟(1995)．南八甲田地域のクマゲラ行動圏とその植生構造．野生生物保護，1：153-157．
中西悟堂(1971)．キツツキのちえ．中西悟堂こども野鳥記2 怪鳥トラツグミ，スズメごてん/ほか．偕成社．184 pp．東京．
仁部富之助(1948)．野鳥閑話 上．北方文化聯盟．110 pp．仙北郡．
日本産アリ類データベースグループ(JADG)(2003)．日本産アリ類全種図鑑．学研．196 pp．東京．
日本自然保護協会(1986)．白神山地のクマゲラ—本州産クマゲラの保護とその生息地保全の必要性．白神山地のブナ林生態系の保全調査報告書，白神山地調査グループ．
日本鳥学会(2000)．日本鳥類目録 改訂第6版．日本鳥学会．345 pp．帯広．
日本鳥学会(2012)．日本鳥類目録 改訂第7版．日本鳥学会．438 pp．三田．
南山老人(1830)．鳥名便覧．
小笠原暠(1988)．クマゲラの世界．秋田さきがけ新報社．201 pp．秋田．
小笠原暠編(1990)．分布南限地におけるクマゲラの生態に関する基礎的研究．平成元年度科学研究費補助金研究成果報告書．秋田大学．75 pp．秋田．
Ogasawara, K., Izumi, Y. and Fujii, T. (1994). The Status of Black Woodpecker in Northern Tohoku District, Japan. J. Yamashina Inst. Ornithology, 26: 87-98.
小城春雄(2000)．オオミズナギドリの受難史．北海道 島の野鳥(寺沢孝毅編)，112-117．北海道新聞社．札幌．
小野蘭山(1803)．本草綱目啓蒙．
Sibley, C. G. and Ahlquist, J. E. (1990). Phylogeny and classification of birds: a study in molecular evolution. Yale University Press. New Haven.
Suzuki M., Yanagihara, C., Fujii, T. and Yui, M. (2007). Nest site environment of the Black Woodpecker *Dryocopus martius* in northern Honshu, Japan. Ornithological Science, 6(2): 141-144.
鈴木道男(1996)．堀田正敦の「観文禽譜」THE ミヤギ．図書館だより，2．
鈴木道男編著(2006)．江戸鳥類大図鑑 よみがえる江戸鳥学の精華『観文禽譜』．平凡社．762 pp．東京．
東京朝日新聞(1934)．珍鳥クマゲラ＝秋田縣にも棲んでゐる＝津軽以南で初めて發見．昭和9年4月14日付記事．
浦野栄一郎(2004)．つがい交尾．鳥類学辞典．昭和堂．950 pp．京都．
臼井俊二(1986)．特集・キツツキ 森の大工は道化者．野鳥，484：14-17．
渡辺修治(2005)．考える識別・感じる識別 第27回キツツキ類．BIRDER，19 (7)：59-65．
山本弘(1972)．八幡平地域の哺乳類・鳥類・爬虫類・両生類 八幡平学術調査報告．日本自然保護協会報告，42：149-166．
柳原千穂(2002)．北東北のクマゲラの非繁殖期における生態とその営巣環境に関する研究—北海道のクマゲラとの比較．岩手県立大学総合政策学部環境コース卒業論文．36 pp．

II 部

資料編①
クマゲラ物語

黄葉のクマゲラ営巣地(本州産クマゲラ研究会提供)。青森県白神山地。
2007.10.30

1. ブナ退治

　真っ黒い身体に深紅のベレー帽，そして黄色のキョトンとした眼のキツツキ，それがクマゲラです。この物語は，この愛くるしいキツツキに魅せられたひとりの青年のお話です。

　1965（昭和40）年，秋田県北秋田郡森吉町（現在の北秋田市）の国有林でクマゲラを見たという話がもちあがりました。目撃者は，地元の役場に勤める庄司国千代さんという方です。山岳会員の庄司さんは山歩きが大好きで，いつものように森吉山を歩いているうちに，見慣れない黒く大きなキツツキの姿を見て，カメラに収めました。

　その写真は「秋田魁新報」に小さく載りましたが，種類が区別できないほど小さな写真で，クマゲラかどうかはっきりしなかったため，当時はそれほど話題を呼びませんでした（図86）。でも庄司さんは，数年前からクマゲラ独特の「キャー」という鳴き声を確かに聞いていたのです。クマゲラが目撃されたブナ林はその後，営林署員や作業員のチェンソーの音とともに次から次へと伐採され，時間を追うにつれて，ひと山ひと山とブナの森は消えていきました。

　このようなとき，秋田大学教育学部生物学研究室の学生・泉祐一さんが，ブナ林の大規模伐採に危機感を抱き始めていました。1970年，森吉山に入った泉さんの目の前には青々としたブナの自然林が山々を覆っていました。翌年，再び訪れると，ひと山がハゲ山となり，さらに次の年には隣の山のブナ林が消えていました。

　当時は『ブナ征伐・ブナ退治』と呼び，ブナの伐採が全盛を極めていました。というのも「ブナは水分が多く腐れやすくて木材として使いにくい（加工しにくい）から，人間社会にとって役立たない木だ。しかも老齢過熟林，つまり年をとりすぎの木が多いから，若返らせる必要がある」という論理です。

　これは人間社会でいうならば，年寄りをすべて排除して，若者だけの社会にしようというようなものです。そんな社会が成り立つはずがありません。年寄りは年寄りで，これまでさまざまな経験を積み重ね，いろいろな知恵を

出し合って，今の社会・文化を築いてきたはずです。しかしそのようなことは無視し，私たち人間だけの都合のよい論理を樹木の世界でやろうとしていたのです。

　ブナの自然林には，イヌワシのほかにクマタカ，アカショウビン，アオバト，コノハズク，キビタキ，オオルリなどの純森林性の鳥類が生息し，動物相もニホンツキノワグマはもちろん，ニホンカモシカ，テン，ムササビ，モモンガ，ヤマネ，トウホクノウサギ，アカネズミ，ヤマコウモリなど，数えあげたらきりがないほどたくさんの鳥獣が暮らしています。

　また，ブナ林の代表的な低木として，マルバマンサク(語源：まんず咲く)，ムラサキヤシオ，オオバクロモジ(つまようじの原材料)，オオカメノキ(別名：ムシカリ)，ツルシキミ，ヒメアオキ，ハイイヌガヤ，エゾユズリハ，小高木としてはタムシバ(別名：ニオイコブシ)，草本類ではイワウチワ，ギンリョウソウ，ツバメオモト，シラネアオイ(日本特産種)，カタクリ(実生から約7年で開花)，ショウジョウバカマなど，白・黄・紅・紫の多彩な花の色が私たちの心をなごませてくれます。

　さらに，ブナが蓄えた水は，多くの沢や渓流・沼・湿原・滝を形づくり，そこにはモリアオガエルやハコネサンショウウオなどの両生類やイワナなどのすみかにもなっています。その周辺では，同じ両生類で天敵のアカハライモリやニホントカゲ，アオダイショウ，シマヘビ，マムシ，そして猛毒があ

図86　1970年7月9日付「さきがけ」
（秋田魁新報社）

ることがわかったヤマカガジなどのハチュウ類も生息しています。

　湿原は，乱獲で最近めっきり姿を消したトキソウ，カキラン，ハクサンチドリ，コケイランなどのラン科植物の宝庫ともなっています。このような人間の手や斧が入らず，ありとあらゆる生物相が自然に世代交代を繰り返したブナ林が「ブナ原生林」と呼ばれるものです。

　「何でこんたにブナ林ばり伐られるんだべ？　ブナ林さ棲む動植物は，いったいどうなるんだべ？　これにストップかげるには，国の天然記念物のクマゲラ（1965年5月12日に指定）でも見つけるしかねえな！」と，泉さんは自問自答していました。

　同期生より遅れて大学に入った泉さんが所属した研究室には，中学時代の同級生が先輩としており，泉さんに半ば強引に自分の研究を引き継がせました。研究テーマは，『コカワラヒワの生態について』でした。もともと動物好きの泉さんは，鳥の勉強もしだいにおもしろく感じてきました。

　しかし，本当は自分が一番好きな魚の研究をしたかったのです。大学浪人を長年続けた泉さんは，仕送りのほとんどを金魚や熱帯魚などの観賞魚を買うのにあて，水槽に囲まれた生活をしていたくらいでした。でも，第一志望の大学にはついに入れず，地元の大学に入ることになったのでした。

　奇しくもこのことが，彼の運命を左右することになったのです。この大学には，あいにく魚の先生はいなかったため，比較的興味がある野鳥の生態研究をされていた小笠原嵩先生の研究室に所属することにしたのです。

　小笠原先生は，やはり地元・秋田県の田代町出身で，研究室にこもっているよりは，むしろ野山を歩いているほうが性にあっているようなフィールド好きの先生で，「泉，来週，山さいぐべ！」などと，泉さんをよく山に誘い，口べたな泉さんにとってはとても親しみやすい先生でした。

2. クマゲラは渡り鳥？

　この当時，クマゲラは北海道にだけ棲むキツツキだと思われていました。ところが1934（昭和9）年に，京都大学理学部で鳥の声の聞きなし（鳥の声を人間のことばに置きかえる）を研究されていた川口孫治郎先生（講師）が，秋田県

鹿角郡宮川村(現在の鹿角市)八幡平国有林で,クマゲラの雄・雌それぞれを1羽ずつ捕獲していたのでした。当時の調査とは,鉄砲でその鳥を撃ち落とし,個体を確認する方法でした。

川口先生のクマゲラを捕獲したときの報告書『クマゲラの實験』(1934年4月23日起草)の末尾にある「クマゲラの1カ年」には次のように書かれています。

「上記各実験例だけについていえば,八幡平付近における彼らは,最も人目についたのは10月下旬で,最も遅くまで残っていたのは4月中旬中程(まだ積雪は山を深く覆っている)である。夏,8月中旬の連日の観察には全然耳目に触れない。ゆえにこの鳥は八幡平には大体10月末に来て,翌年4月ほどに去るとみて誤ることはなかろうと見当がついた」

つまり,川口先生は通年における調査を行ったものの,クマゲラが人目につかなかったことを理由に,『渡り鳥』とみなしてしまったのです。というのも,当時,クマゲラは北海道にしか生息していないキツツキで,本州には津軽海峡を渡って来る鳥だと思われていたのでした。なぜならば,明治初期,イギリスの貿易商で動物学者のトーマス・ライト・ブラキストンが北海道の函館周辺の鳥獣を調べた結果,北海道にだけ生息する鳥獣と本州にだけ生息する鳥獣がいることに気がつきました。つまり,津軽海峡を境にして,生息する鳥獣相が違うのだという異色の学説『ブラキストン線説』が,1883(明治16)年に行われた動物学例会を契機に,日本国内で支持されていたのでした。

したがって,当時の鳥学会でもその説が有力視され,おおかたの学者はそう信じていたのでした。それだけに,泉さんの「クマゲラを発見しよう!」という決意は,なみたいていのものではありませんでした。

3. 就　　職

大学(教育学部)を卒業した泉さんは,教職以外の仕事に就くことを考えました。彼は大学に入る前から,自分が教員にむかないことを知っていました。また,両親や小笠原先生からの勧めもあり,以前から念願だった魚の飼育が

できる水族館に勤務することになりました。

　泉さんの仕事は，冷蔵・冷凍庫からイカやホッケを出して水にとかし，トドやアザラシなどの海獣類に与え，飼育舎を掃除するというものでした。最初のうちはよかったのですが，毎日，同じことの繰り返しに，しだいに物足りなさと不満を感じ始めました。大学時代，小笠原先生のもとで野生生物の生態学というおもしろい学問を知ってしまった泉さんにとって，狭い檻のなかのかわいそうな動物相手の仕事に苦痛さえおぼえたのでした。と同時に，金魚や熱帯魚を趣味で飼うこととの違いをまざまざと感じたのでした。

　そんなおもいのとき，鳥獣保護センターの鳥の担当者が欠員となっていたために「県職員のなかで鳥を知っている者」として，泉さんに白羽の矢が立ったのです。いろいろ事情はありましたが，泉さんは大学時代にやった生態学をさらに深めようと，鳥の道を選んだわけです。泉さんが27歳のときでした。

　センター2年目の秋雨が降るころ，森吉山岳会会長で森吉山の自然を熟知している庄司国千代さんから，「クマゲラを見た！」という情報が入りました。

　　　庄司「もしもし，鳥獣保護センターですか？　あのーわだし，阿仁の庄司
　　　　　　という者ですけれども，実は先日，クマゲラを見だんですが……」
　　　泉「いづだすか？」
　　　庄司「昨日だす」
　　　泉「確かにクマゲラだすべが？　その鳥の特徴，教えでけねすか？」
　　　庄司「ええと，頭のてっぺんがあがくて，あどはカラスみだいに真っ黒
　　　　　　だす」
　　　泉「大きさは？」
　　　庄司「カラスよりひとまわり小せぇーくらいだす」
　　　泉「んだすか！　なぎごえはどうだったすべが？」
　　　庄司「いや，こっちさ気がついて，すぐ飛んでしまったすがら」
　　　泉「場所どごだすか？」
　　　庄司「森吉山のノロ川のあだりだす」
といったような内容の会話がなされました。

4. 本州初のクマゲラ撮影

　翌日，さっそく北秋田郡(現在の北秋田市)森吉町の庄司さん宅を訪ねて，クマゲラがいたという場所まで案内してもらいました。

　現場は牧場にするためにブナの大木が切られた所で，クマゲラは庄司さんから約20mの距離の伐根(木が伐採された跡の切り株)にいたというのです。しかも，庄司さんは2度も見たものですから，絶対クマゲラに間違いないというのです。

　泉さんは，それまで何度もブナ林内にテントを張り，泊まりがけでクマゲラを探し求めましたがすべて空振りに終わっていたのでした。今回もどうせほかの鳥の見間違いだろう！と思っていました。なぜならば，これまで毎年，森吉山に入り，情報収集にあたりましたが，いつもクマゲラの名前を出すと，
　「ああ，それだばこの前も見だど！」
といわれ，よくよく聞いてみると，キジバトより小さくなり，結局はアオゲラやアカゲラになってしまうというのが大半だったからです。

　その日の泉さんは，ふもとの杣温泉に宿をとりました。朝4時に起きるつもりで早く寝ましたが，夜中はひどい雷雨となり，入山をあきらめかけているともう4時半でした。窓をあけて外のようすを見ると，雨はやんでいました。意を決して雨のやんだ宿を出発しまだ暗闇の外に出ましたが，双眼鏡，カメラ，三脚，雨具，そしてクマゲラ撮影のためになけなしの金をはたいて購入した新品の500mm超望遠レンズなど，総重量20kgを超える背中の荷は，少々，重く感じたのでした。さらに，行けども行けども目的地は遠かったのでした。それでも，この日の泉さんには何かしら予感があったのか？10kmの道のりは，決して苦痛ではなかったのですが，山という山に樹はなく，手つかずのブナの森もわずかしかないほど無惨に伐られていたのでした。

　目的地に着いたのは7時ごろでしたが，着くやいなや「コーン！」という，これまで一度も聞いたことのない音が伐採地に響き渡りました。音のした方向をよく見ると，何やら黒い影がチラッと動きました。

　もしかしたら！　泉さんは，はやる気持ちを抑えながら，急いでカメラを

取り出し，夢中でシャッターを切りました。ちょうどそのとき，不運にも車が通ったため，その鳥は飛び去りました。でも泉さんは必死でその後を追い，震える手を抑えながらシャッターを押し続けました。たてつづけに 10 枚くらい撮ったでしょうか。その鳥は，やがて深いブナの森へと消えて行きました。

あまりに夢中で，我を忘れた泉さんは，その姿を目で追いながら，ただただその場にへたり込んでしまいました。長年の夢，本州では幻の鳥・クマゲラの雄をようやく撮影できたからです。息をすることも忘れ，ふと我に返った泉さんは，

「それにしても，こんたどごで，よぐクマゲラもいぎでだなあ！」
と感心すると同時に，あまりにひどく伐られた伐採跡地に驚きを隠せませんでした。

それは泉さんにとっても，日本の鳥学会にとっても忘れることができない，そして記念すべき 1975 年 9 月 19 日のことでした。

5. 北海道のクマゲラ先生

その夜 11 時ごろ，地元・秋田魁新報社の記者から電話が来ました。
　記者「泉さん，写ってませんよ！」
　泉「そんた，ばがな？！」
　泉さんは，あわてて新聞社に駆けつけました。スライドに映すと，小さいものの，頭の紅い黒いケラ・クマゲラは確かに写っていました。
　泉「ここです」
　泉さんは，スライドのクマゲラを指さしました。
　記者「ああー，これですか！？」
被写体があまりにも小さすぎて，見つけることができなかった記者は，頭をかきながらも納得してくれました。

泉さんが撮影したクマゲラの写真は，画像が粗れるほど引き伸ばされて，翌日の夕刊に大きく取り上げられました。本州初の記録写真だったからです（図 87）。

図 87　1975 年 9 月 22 日付
「さきがけ」(秋田魁新報社)

　「森吉山，いや本州さクマゲラがいる。これで森吉は守れる！」と泉さんは胸をなでおろしました。
　ところが，それはやっと踏み出した一歩でしかなかったのです。本当にクマゲラはブナの森に棲んでいるのか？　巣はブナの樹に掘るのか？　雌はどこにいるのか？　餌は何か？　これらがわからなければ，営林署(林野行政)を納得させることができないのです。泉さんにとって，新しい課題が山のようにあったのです。

その後，仕事の合間をぬっては何度も森吉山のノロ川まで通いました。それも秋田市からですから，片道 100 km の道のりを 90 cc のバイクで 3 時間以上もかけて……。しかし，泉さんが目にするのは，切り倒されたブナの山ばかりです。まわりからはチェンソーの音や集材するダンプカーの音がやかましいくらい鳴り響いています。

「クマゲラの生息地を滅茶苦茶にして，こんたごとばかりしてだら，クマゲラどころかすべての鳥獣がいなぐなるべ!?」

　営林署のあまりに無謀な伐採のしかたを目のあたりにして，泉さんの心には日に日に怒りが増してくるのでした。しかし樹を切る人たちも，山で糧を得る善良な人間で，切る人たちには責任がありません。やり場のない怒りがこみあげてきても，赤茶けた伐採地では，今日も自然の営みが繰り返されています。

　また，ニホンカモシカ(1955 年 2 月 15 日に国の特別天然記念物指定)，クマタカ，ニホンツキノワグマ，ヤマネ(日本特産の 1 属 1 種で 1975 年に国の天然記念物指定)，そしてイヌワシ(1965 年 5 月 12 日に国の天然記念物指定・クマゲラも同日指定)などとは遭遇できても，肝心のクマゲラとはあの日以来，一度も出会えなかったのです。

　そこで泉さんは，クマゲラの生態をしっかり把握している人物が日本にいないものかと探しまわりました。本州にはもちろんいませんでしたが，北海道にはどうやらクマゲラに詳しい先生がいるようなのです。それは，有澤浩先生という方です。有澤先生は，東京大学農学部附属北海道演習林内で，トドマツなどの針葉樹に巣をつくるクマゲラを長年，観察されていました。そしてその記録を『北国の森の博物誌』という本にまとめていたのです。泉さんは秋田市の本屋でその本を購入し，むさぼるように読みました。読み終えるとさっそく，クマゲラ生態学の大権威・有澤浩先生に会うために，北海道へと足を運んだのでした。

　季節は，クマゲラがちょうど子育てをしている最中でした。有澤先生は泉さんを暖かく迎え，泉さんが遠慮がちにしかも大事そうにとりだしたポジフィルムを見るなり，泉さんの肩を思い切り叩いたのでした!!　北海道のクマゲラを追いかけていた有澤先生自身も，1934 年の捕獲記録を最後に，

クマゲラは本州から姿を消した！と信じていたからです。まぎれもないクマゲラの雄の画像を見て，驚くと同時に感激した先生は，初対面の青年を一見，手荒く祝福したのでした。そして，クマゲラの生態を手とり足とり教えてくれることになりました。

　現地に案内してくれた先生は，正面のトドマツを指さしました。そのトドマツは生木で，地上から10 m くらいの所に，縦長の大きな穴があいていました。有澤先生の話では，ほかのキツツキが丸く小さな穴をあけるのに対し，クマゲラの場合は長楕円形の縦15 cm，横10 cm ほどの穴をあけるというのです。このような穴があれば，その穴の持ち主はクマゲラにほぼ間違いないということでした。

　有澤先生の話をまとめると，幹が太くまっすぐで，ツタやコケの付着が少ない白っぽい樹をクマゲラは好んで子育て用に使うということです。しかし，本州のブナにはまっすぐな樹はほとんどありません。トドマツとはあまりに違う樹形に，泉さんは戸惑うばかりでした。

　有澤先生は，クマゲラの雄と雌はそれぞれ複数本のねぐら木（夜寝るためだけのアパートのようなもの）をもつこと，枯れ木に巣くうムネアカオオアリやカミキリ，キクイムシの幼虫・成虫を餌にすることなどを教えてくれました。

　やがて観察しているトドマツの穴に，真っ黒い大きなキツツキが縦に静止しました。頭のてっぺんの紅い部分が広いので「雄のクマゲラだ！」と有澤先生はいいました。雄のクマゲラが穴のなかに姿を消すと，穴のなかからは雛の弱々しい「ツェッツェッツェッ」という声が聞こえてきました。まだ雛は，小さいのだそうです。

　こうして泉さんは短期間ながら，クマゲラの生態についてかなりの収穫を得て，再び秋田に帰ってきました。しかし，本州は北海道のようにトドマツ（針葉樹）とはまったく違うブナ（広葉樹）であるため，泉さんにとってクマゲラの巣探しは，難しい方程式の応用問題を解くようなものでした。その後も，泉さんは90 cc のバイクで片道3時間以上かけて，何度も森吉山に通いました。

　今まで何度もツキノワグマにも出会った。野宿もした。道にも迷った。次の場所から次の場所へ，どこまで続くかも知れぬブナの森をひとりで歩き続

ける。まったくひとりぼっちの7年間でした。孤独と不安，クマへの恐怖，果てしない自己との闘い，幻の鳥と呼ばれる1羽のキツツキを探し求めて彷徨い歩いた泉さん。

そうするうちに，ブナは少しずつ語りはじめてくれたのでした。クマゲラは早朝，伐採地に現れて餌を採った後，深いブナの森に消えていき，夕方はねぐらへ帰って行くことがわかったのです。

泉さんは秋田県野鳥の会の中心メンバーだったので，会員に「クマゲラの繁殖を確認するべ！　これができればブナは守れるし，クマゲラが本州で生息していることを立証できる」と強力に働きかけたのでした。秋田県野鳥の会は，泉さんの恩師・小笠原先生はじめ野鳥の生態に詳しいだけでなく，八郎潟のオオセッカ，オオジュリン，コジュリン，チュウヒの保護活動を実践し，そのほか，サギ類の保護活動をするなど行動力のあるメンバーがそろっていました。

6. ねぐら木の初発見

1976年10月，秋田県野鳥の会を中心とし，小笠原先生を団長とするクマゲラ調査隊が結成され，本格的調査が開始されました。調査隊員12名は，10月9日から11月6日までの12日間にわたり山中を歩きまわりました。

ある日の夕方，小笠原先生がこの調査ですでに確認していた穴のあるブナの根元を冗談で「クマゲラが寝ているぞ！」と枯れ木で叩いたところ，「コロコロコロ」と鳴きながら，クマゲラの雌が本当に穴のなかから逃げていったのでした。ふざけてやったことが功を奏し，これが使用中のクマゲラのねぐら木を最初に発見した瞬間でした。それからというもの，泉さんたち秋田県野鳥の会のメンバーは，そのねぐら木を中心とするブナ林の調査を必死に行いました。特に，このねぐら木には必ずふたりの調査員が張り込み，クマゲラがいつごろに帰って来るのか？　どちらの方向から帰ってくるのか？どちらの方向へ出ていくのか？などを細かく記録しました。

その結果，北方向が多いことがわかり，徹底的に調査したところ，クマゲラの繁殖用と思われる営巣木5本，夜間寝泊まりするためのねぐら木7本を

発見できました。しかし,クマゲラの繁殖期間でなかったため,肝心の営巣は確認できませんでした。

　本州では,まだ確かな繁殖活動は確認されていなかったわけです。泉さんには「自身の眼で,そして自分の手でその記録をとってみたい」というおもいが募るのでした。でもクマゲラは,思うようにその姿を現してくれません。むしろ,人のいない方へいない方へと姿を現しているようで,これまで見つけた巣穴からは,モモンガが出てきたりするのでした。

　何でクマゲラの巣穴をほかの鳥獣が利用するのか? 不思議に思いました。その答えは,クマゲラがあけた穴のなかは,ほかの鳥獣にとってもすみ心地がよいからです。人間の世界に例えるならば,クマゲラはさしずめ住宅提供者的存在の大工にあたるのかもしれません。クマゲラのあけた巣穴を利用する生きものには,モモンガのほかムササビ,ブッポウソウ,コノハズク,オシドリ,ゴジュウカラ,ハリオアマツバメ,アオゲラ,オオアカゲラ,ニホンミツバチ,オオスズメバチ,アカヤマアリ,そして森林性のヤマコウモリなどがいるようです。ことに秋田の八幡平地方では

　「バンドリ(ムササビの方言)が多い所にヤマガラス(クマゲラの方言)がいる」といわれたほど,クマゲラとムササビの関係が深かったのです。

　また,クマゲラは地元の方言でヤマガラスと呼ばれていたほか,クロトリ,ミヤマゲラ,クロゲラ,ヲヲゲラ,ヤマゲラ,ヲニゲラ,クロテラツツキなどとも呼ばれていたようです。クマゲラにこのような方言があることは,クマゲラがずっと昔から本州のブナの森に棲みついていたことの裏づけでもあるのです。なぜならば,このような方言というのは,一朝一夕で生まれ得ないからです。

　キツツキの古名は「テラツツキ」ですが,このテラツツキの「テラ」とは「取(とら)」の意味で,テラツツキとは「つついて虫を取る」の意のようです。テラツツキはその後「ケラツツキ」と変化し,下部が省略されて「ケラ」になったそうです。したがって,現在クマゲラなどと呼ぶのは,このケラの頭の部分にそのキツツキの特徴を表す説明語をつけた名前です。ケラツツキはさらに省略されて,「ケツツキ」となり,これが「キツツキ」に変化したと考えられています。そしていったん「キツツキ」という名前が使われ

るようになると，俗に「木突」と理解され，「木をつつく」意味として理解されるようになったのでしょう。しかし，本来の意味は，木は「木」ではなく，ケがなまったもので，この「ケ」はケラツツキの「ケ」である（中村 1981）ようです。

7. クマゲラ調査隊

　翌，1977年，秋田県から調査を委託された泉さんたちの秋田県野鳥の会はもちろんのこと，日本自然保護協会はじめ国立科学博物館，千葉大学，大阪市立大学の専門家の先生や研究者たちが続々と現地入りしました（図88）。
　というのも，クマゲラが確認された小又峡周辺は，公園法の第三種地区（伐採についてはなんの規制もない地区）で，この年は175 haにわたる牧草地がつくられる予定になっていました。そこで日本自然保護協会が前年10月，秋田県や秋田営林局などに緊急に保護対策を講ずるよう意見書を出しましたが，その後も関係機関の熱意がみられないことから，現地調査をすることになったのです。何しろ，この森吉山では，鳥類だけでなく，コアニチドリ（大正中期，太平山小阿仁側で故牧野富太郎博士が命名した由緒あるラン科植物）など，非常に珍しい植物の宝庫でもあったからです。
　その結果，この年クマゲラが餌をとった木・採餌木の数はおびただしく，調査区域300 haのなかにブナ枯れ木471本（96.3％），サワグルミ枯れ木8本（1.6％），サワグルミ生木4本（0.6％），そのほか3本（0.6％）の合計489本を確認しました。これは1 haあたり1.63本で，北海道の有澤先生の調査（1976年）とほぼ同じ結果だったのです。

8. 本州初のクマゲラ繁殖

　1978年5月21日，泉さんはやっとのことで，クマゲラが子育てをしている繁殖現場をつきとめました（図89）。場所はやはり森吉山・ノロ川流域の上谷地南部で，ここは山というより平坦地に近い緩斜面で，そこには太くまっすぐなブナが一定間隔で林立していました。そのブナ林のなかで胸高直径

図88　1977年8月27日付「さきがけ」(秋田魁新報社)

70cm(人間が木と並んでたったときの胸の高さの直径をいい，地上から約120cmの位置をいいます)，樹高25mのブナ生木に，地上から約11.5mの所に縦×横＝15cm×10cmの穴をあけ，子育てをしている最中だったのです。巣穴には雛が3羽おり，親は1時間に1〜2回交代で，羽のあるムネアカオオアリという大型のアリを運んでは，雛の糞をくわえ運び去っていました。

　6月中旬，親が巣に入る回数は日に日に減り，巣立ちまぎわにはまったく入らなくなりました。これは雛が成長して巣穴が狭くなったことや，雛を空腹状態にして巣立ちを促すためです。また夜間は，雄親だけが雛といっしょに巣穴で眠るという鳥類には珍しい生態もわかりました。そのほか，雛の鳴き声は，最初の「ツェッツェッツェッツェッ」から「ジャッジャッジャッ

図89 1978年6月7日付「さきがけ」（秋田魁新報社）

ジャッ」，そして最後は「クイックイックイックイッ」にと変化していくのも観察できました。

　結局，この年は6月15〜16日に3羽が巣立ち，北海道の記録より約1週間早い巣立ちということがわかりました。泉さんたちの観察の結果，クマゲラは5月初旬に3個以上産卵し，約2週間後の5月中旬に孵化し，1か月後に巣立ちという生活パターンがわかりました。

　これは，本州で初めての営巣・繁殖生態の記録です。泉さんたちの執念が

実を結んだのです。ブラキストンからすでに100年、川口先生の発見から44年という長い年月が経過していました。

その後の継続調査から、クマゲラは渡りをするのではなく、年間を通じて本州のブナの森に定着していることがわかったのです。

「これでやっとブナ林を守れる。クマゲラは今までずっと本州の森のなかで生きつづけてきたことが証明できた」と泉さんは胸をなでおろしました。この確認が日本の自然保護史上、今後の自然保護運動を展開する上でも、大きな影響力のあるものになっていくのでした。しかし、この営巣地も1977年度から始まった秋田営林局の10年計画の伐採対象林内で、1979年度以降、約半分が伐採される予定になっていました。

「クマゲラでめし食えるが？ クマゲラより俺だちの食いぶじを稼ぐほうが大事だべ！」ブナやそのほかの広葉樹を伐採する地元の作業員は、口々にそういいました。泉さんたちがクマゲラの生態調査をしているときには、このような理由で、今にも後ろからナタが飛んできそうな雰囲気ですらありました。

伐採か保護か？ クマゲラでめしが食えるか？ 特別鳥獣保護区に指定すれば、伐採を含む現状変更が可能ですが、どの程度の面積が必要なのか？ 北海道の有澤先生のデータでは、ひとつがいあたり約300 haの面積が必要とのことでした。しかし、それが本州のブナ林にそのままあてはまるのか？ この時点では、わかりませんでした。

鳥海山麓や栗駒山麓などブナの自然林が次々と伐採され、現在まとまった面積の自然林があるのは、この森吉山から八幡平にかけての一帯でした。森吉山と八幡平のブナ林を分断するのは、なんとしても避けなければいけません。もしも分断されると、お互いの地が孤立し、両地域間の鳥獣類の行き来ができなくなり、結果、近親交配が繰り返され、繁殖力が低下する。日本のトキと同じ『絶滅』という道をたどりかねません。

また、ブナの自然林はいったん伐採してしまうと、回復までに200～300年はかかるといわれています。「単にクマゲラの保護というばかりでなく、貴重な自然を、そして水源涵養林としての役割にもっと目を向けるべきだ。そして、祖先から受け継いだブナ自然林という遺産を子孫に伝える責務があ

る」というのが，泉さんたちの主張でもありました。

　広葉樹のなかでも，とりわけブナは水を蓄える力に優れ，通称『天然の水がめ』と呼ばれています。天気がものすごくよい日でも，ブナ林の周囲では，どこからともなく水がとうとうと流れ出しています。これはブナ林でつくられた腐葉土がしっかり水を蓄え，地中を長い時間かけて流れ出してくるのだそうです。つまり，ブナ林は保水能力に優れ，私たち人間やあらゆる生物相の命を支える大切な水の源であるという考え方です。

　その後，泉さんたち秋田県野鳥の会を中心に，秋田県自然保護協会や秋田生物学会の3団体が，連名でブナ林の保全を訴える請願書を林野庁，環境庁，文化庁，秋田県など関係機関に提出しました。

9. 不十分な最終案

　1979年8月，秋田営林局，秋田県自然保護課，地元森吉町など関係機関で構成している「クマゲラ対策検討委員会」は，1987年までに皆伐（すべてを伐採）地域 295 ha，択伐（全体の30％以下の抜き切り）165 ha をあわせて 460 ha を切り，640 ha を残す計画案に縮小しました。クマゲラの繁殖地は，320 ha を団地状にし，周辺に幅30 m 以上の保護樹林帯を残し，伐採跡地にはスギの植林をするという最終案でした。

　しかし，泉さんや小笠原先生をはじめとする秋田県野鳥の会は「保全区域が狭すぎて話にならない。最低でも1,000 ha がなければ，ひとつがいが生息できないし，今後もクマゲラが繁殖するかどうか？わからない。また，スギを植林したらブナに頼ってきたクマゲラは生息できない」と激しく反発しました。何しろブナの森で暮らす本州のクマゲラは，自身の生き方を変えることができない不器用な鳥でもあるからです。

10. 指定はされたが繁殖とだえる

　この後，1980年まで3年連続して，合計9羽の雛がこの地から巣立ちました。これら9羽の雛たちが，その後どこでどのように暮らしているのかは，

泉さんたちにもわかりません。

　泉さんたちの心配が的中するような出来事が起こりました。1980年、クマゲラが営巣していた所から約300m離れた場所で伐採のための林道工事が始まり、発破音が森中に響き、ブルドーザーが営巣木の近くを通るようになりました。翌1981年には、クマゲラはそれまでの営巣木で、ついに繁殖活動を行わなくなりました。クマゲラは臆病で、特に金属的・機械的な音に対して、とても敏感なのです。

　1983年、森吉山のクマゲラ生息地は伐採から免れ、十分な範囲とはいえないまでも、約330haが国設森吉山特別鳥獣保護地区に指定されました。泉さんたち秋田県野鳥の会の努力の結果です。お金に換算できない価値があるでしょう。でも後の祭りです。泉さんたち秋田県野鳥の会は、その後も調査を続けており、クマゲラの姿は見るのですが、ついに営巣は確認できなくなりました。

　次に泉さんは、鳥獣保護センターから秋田県環境保全部自然保護課へ異動となりました。当時の自然保護課長は、保護対策をはかるためには専門知識が必要となることを察知して、泉さんを県庁に異動させたのでした。自然保護担当の仕事は、自分の足で直接山歩きをし、年間計画も自分で立てるなど、自然環境について幅広い知識と経験が必要とされたからです。それまで鳥にしか興味がなく、目を向ける世界が狭かった泉さんは、大学時代とはまた違う魚、昆虫、植物、岩石などを自分で採集し、調査を手伝うことにより、はるかに多くの知識を得ていくのでした。

　このような生態系への幅広い知識が深まるにつれ、泉さんは「ブナ林は何とか残せだども、クマゲラが安住でぎねぇ、こんた(狭い)面積だば話になんねぇ」と思い、この教訓を次に生かそうと心に決めました。

11. 世界最大級のブナ原生林

　ちょうどそのころ(1981年)、秋田県と青森県の県境にまたがるブナばかりの森、約45,000haに道路をつくる計画(青秋林道工事)がもちあがっていました。一帯は『白神山地』と呼ばれ、日本最大、いや世界でも最大級のブナの

自然林が広がる一般人を寄せつけない山域です。

　秋田県八森町と青森県西目屋村を結ぶ地域振興が目的の経済交流道路という名目なのですが，ブナ原生林の地滑り地形を通そうというのですから，土砂崩れや雪崩が頻発し，1年間のうちにこの道路を使えるのは，わずか数か月にすぎないのです。ブナ原生林を人間の顔に例えるならば，左のこめかみから右下のあごに傷をつけるようなものです。しかも，この白神山地の動植物や地質などの自然については，まだ本格的に調べられていなかったのです。さらにどうやら，泉さんの大好きなクマゲラも生息しているようなのです。何しろ，白神山地でクマゲラを目撃していたマタギがいたのですから。

12. クマゲラ再発見

　1983年，泉さんは当時の日本自然保護協会・保護部長の工藤父母道さんたちと，弘前市に住んでいる登山家・根深誠さんの案内で，青秋林道予定地のブナ林周辺部を歩きました。

　工藤さんは日本各地の自然保護問題に取り組み，日本中を駆け回っている大変忙しい方です。彼は日本自然保護協会会長・沼田真先生のもと，世界最大級のブナ林・白神山地をどうしても後世に残すべく，当時ユネスコが提唱していた『MAB計画(人間と生物圏に関する構想)』を是非，実現したいと考えていました。つまり，手つかずで保存すべき地域の核心部，その周辺の緩衝地帯，さらに最外郭部分は自然観察教育林として私たち人間が利活用できるように二重・三重に重要部分を取り囲むような地域設定をすることで，外部からの緩衝を少なくできるという考え方です。また，このようなブナの自然林には，まだ発見されていない微生物がたくさん生息していて，これらがペニシリンのように将来，私たち人類に貢献してくれるという考え方も含まれていました。もしかしたら，現代医学では治しにくいガンやエイズ，そしてエボラ出血熱などの難病・奇病の特効薬が眠っている『遺伝子資源の貯蔵庫』としてのブナ林保護という考え方です。

　しかしこの当時，このようにまとまったブナの森林を残すという考え方は，日本になかったのです。それを工藤さんは林野庁にかけあい，後には「森林

生態系保護地域」という形で実現させたのでした。当時の法律で行う保護対策では，決してできなかったことです。

　根深さんは明治大学山岳部部長をつとめ，先輩の故・植村直己さんが遭難したときの第二次捜索隊にも参加した山男です。植村直己さんといえば，1970年，29歳のとき日本人で初めて世界最高峰のチョモランマ（英名：エベレスト。8,776 m）の登頂に成功した人物です。また，その年の8月には，マッキンリー（6,194 m）の単独登頂を果たし，それまでのモンブラン（4,807 m），キリマンジャロ（5,895 m），アコンカグア（6,960 m）登頂とあわせて世界初の五大陸最高峰登頂者となりました。その後，極地での活動を開始し，1978年3月，37歳で今度は世界初の犬ぞり単独行による北極点到達とグリーンランド縦断をなしとげました。しかし，1984年2月，43歳の誕生日を迎えた翌日，マッキンリーの冬期単独登頂に成功していながら消息を絶ちました。植村さんは，日本が世界に誇る登山家・冒険家であり，当時の私たち日本人の「希望の星」ともいえる人物でした。

　その植村直己さんから，学生時代じきじきに鍛えられた根深さんが，高校時代から歩いていた足下の白神の山々が傷つけられるというので，『青秋林道に反対する連絡協議会』を結成し，代表となっていたのです。はじめは白神など山としてはまったく魅力がないと思っていた根深さんも，大好きな釣りをしながら地元の目屋マタギといっしょに歩いているうちに，白神やブナの森の虜になっていたのでした。だから根深さんは，あの広大な白神の山々の位置や山地内のどこにどのように沢が入っているのかなどが手にとるようにわかるのです。

　しかし，保護運動が激しくなる一方，地元青森県内では自然保護に理解のある人はとても少なく，家には石が投げつけられガラスを割られたりするなどの嫌がらせがありました。さらに，根深さんの勤めていた会社にまで苦情の電話があったりして，これまでお世話になった会社に迷惑をかけないためにも，辞めざるを得なかったのでした。

　一行は奥赤石川林道から入り，何度も沢を渡り，尾根を上り下りしながら，当初の予定コースを変更しました。雨のために予定ルートは，滑る危険があったからです。結果として，このコース変更が幸運だったのでした。

泉さんと根深さんは，白神岳の真東のブナの森を歩いていました。そこのブナ林は，これまでのブナ林とは違い，太くまっすぐで背の高いブナが一定間隔で並んでいました。地面（林床）もこれまでのようにチシマザサが繁茂しておらず，オオバクロモジやオオカメノキがおもな，見通しのよい場所でした。「こんたどころさ，クマゲラいるんだよな！」といいながら，泉さんの足は何かに引かれるようにぴたっと止まりました。泉さんの優しい表情が急に真剣な表情に変わり，その一帯を足早に歩き出しました。

　数分後，「あった！」という泉さんの興奮した声がブナ林内に響きわたりました。泉さんの指さす方向を見ると，直径が 77 cm ほどの太いブナの地面から 10 m 地点に大きな穴があいていました。縦 15 cm × 横 10 cm の長楕円形で，クマゲラの巣穴に間違いないようです。ねぐら木は 1 本だけではないので，もう少し周辺部を歩き回ると，そこからさらに 50 m ほど離れた所に，もう 1 本ねぐら木を確認できました。泉さんは穴のようすから，現在使用中であるかどうかは確信をもてなかったのですが，「夕方になるとクマゲラがねぐらに帰って来るかも……」と期待し，根深さんとともに張り込みを開始しました。

　森のなかの窪地で待つこと数十分，すでに日も暮れかかっています。やがて，「コロコロコロ」というクマゲラ独特の声が，遠くから聞こえてきました。クマゲラが飛びながら発するときの音声です。「来たどー！」と泉さんの素朴な，それでいて興奮気味の秋田弁がブナ林に響きます。クマゲラはいったんねぐら木近くの樹にとまり，「キャーキャー」と鳴いています。おかしな奴がいないか？あたりのようすをうかがっているのですが，頭全体が紅いことから，雄のクマゲラとわかりました。数分後，何も異常がないことを確認すると，ねぐら穴正面に縦にとまり，穴のなかに入ったのでした。

　泉さんたちは，クマゲラに気づかれないように，夕闇に沈むクマゲラが棲む森を足早に去ったのでした。大声で万歳を三唱したいほどのうれしい気持ちを抑えながら……。何しろ，奥赤石川林道予定地に近いブナの森での発見だったからです。これで，「白神山地を二分する林道計画に待ったがかけられる！」と心の底から喜んだのでした。それは，泉さんが森吉山で初めて記録撮影した 8 年後の 1983 年 10 月 8 日のことでした。

13. あわや暗門の滝へ

　1983年にクマゲラが確認された森は，だれかれとはなく，またいつとはなしに『クマゲラの森』と呼ばれるようになりました。泉さんと大学の後輩，工藤さん，根深さんたちは，その後も定期的にクマゲラの森に通いました。雄のクマゲラは，ちゃんと生きているか？　繁殖する気配がないか？　間近に迫った林道が，クマゲラに悪影響を及ぼさないか？　などを調査するためです。

　この日は5月のゴールデンウィークです。まだ春先ですから，白神山地にはたくさんの雪が残っていました。でもこの時期は，絶好の調査時期でもあるわけです。春先はブナの葉が芽吹いておらず，また，足下のササが雪の下に埋まっているので，とても見通しがよいのです。しかも，雪が適度にしまっていて歩きやすいからです。そして何よりも，クマゲラの繁殖期（抱卵期）にあたります。

　しかし，夏や秋とは違い，クマゲラの森の近くまでは車などを乗り入れることはできません。おまけに秋田県と青森県をつなごうとして途中まで来ている林道は，あちこちで土砂が崩れているのです。どだい白神山地のような地形が険しい所に，このような林道を通そうとすること自体に無理があるのですから……。

　だからクマゲラの森までは，ひたすら自分の手足を使って行かなければなりません。しかも目的地に着くまで，2日間はたっぷりかかるのです。荷物はテント，カメラ，三脚，望遠レンズ，無線機，防寒具，雨具，ザイル，アルコール，コッヘル，寝袋，非常食そして最低4日分の食料です。これらをそれぞれが分担しながら背負うものの，当然ザックの重さは半端ではありません。この日，人夫の手配がつかなかった泉さんは，背負子を使い二人分の荷物を背負っていました。青森県側の西目屋村から入りましたから，クマゲラの森に行くには，どうしても暗門川を渡らなければいけません。雪解けの水は約3℃。運悪く雨まで降って，水量はいつもの数倍ありました。川幅が約10mの一番狭い所を探して渡ることにしました。

まず初めに，根深さんが渡りました。その辺にある木の枝を杖代わりにして，川底につきさしながら身体を安定させ，慎重に渡ります。水の勢いはかなり激しく，一番深い所で腰をこえているようです。でもさすが根深さんです。楽々と渡ったように見えました。根深さんは，さっそくザイルを対岸の樹木にしばりつけました。こちら側では工藤さんがザイルを確保しています。次は，泉さんが渡りました。背中の荷物が異常に多いのですが，それをものともせず泉さんは対岸まであと1mの地点に来ました。そのときです。泉さんの背中の荷物がぐらっと揺れたのです。あと少しという所で……。安心したせいもあるでしょうが，泉さんはバランスを崩して，沢のなかへ飲み込まれてしまいました。いったんは体勢を立て直しかけましたが，背中の荷物がまたまた揺れ，再び沢の流れのなかへ……。この下流500mには，暗門の滝という落差のある滝があり，このままいくと泉さんは滝壺に真っ逆さまです。泉さんの必死にもがくようすが，水面からの手の動きでわかります。しかし，流れが速く，まわりも助けようがありません。絶体絶命です！！！

と，ちょうどそのとき，工藤さんがザイルを引き寄せました。工藤さんがもっていたのは，ザイル兼命綱だったのです。念のために身体にしばりつけた命綱が，その威力を発揮してくれたのです。ザイルがたぐり寄せられ，からくも一命をとりとめた泉さんは，川岸でガックリと肩を落としていました。全身びしょ濡れになった泉さんの眼鏡は急流に飲まれ，改めて雪解けの水の冷たさ，自然の恐ろしさを肌で感じたのです。『九死に一生を得た！』というのは，このことでした。気を抜くと，ブナの森にはこのような危険がいくつも待ち受けているのです。

14. 史上最高の異議意見書

結局，このクマゲラの発見により青秋林道建設反対運動が盛り上がりを見せはじめました。

1985年，秋田市では「ブナ・シンポジウム」が開催され，全国規模での展開を見せるなか，ますます反対運動が激化していきました。

その終了後，『青秋林道に反対する連絡協議会』の批判を避けるように，

秋田県側から青森県と自然保護団体に「一部ルート変更」が提示されたのでした。青秋林道建設により，秋田県側の粕毛川源流域の水量が激減することが予測されるという保護団体からの主張を受け入れたことと，雪崩の問題および秋田県の保護団体の反対運動をやめさせるための方策でもあったようです。このルート変更により，青秋林道建設予定地が一転して，今度は秋田県側から青森県赤石川流域に移り，反対運動の舞台は青森県側が中心となったのです。

　1987年，青森県は変更されたルートが通る赤石川源流部の『水源涵養保安林の指定解除』を告示しました。これは水源として守ってきた赤石川源流部の伐採を行って，林道を建設することを意味していたのです。このとき，青秋林道がブナの森に入るのは時間の問題でした。仕事がら森林法を熟知していた泉さんは，保安林解除に対抗できる手段として「地元住民から，ひとりでもよいから，異議意見書を提出してほしい」と日本自然保護協会に伝えました。直接の利害関係者から異議意見書が提出された場合，国は聴聞会で意見を聞く必要があるからです。ルート変更により，弘前市も藤里町の方々も無関係の立場となったのです。今回の場合，赤石川流域の住民が直接利害関係者にあたり，彼らが公の場で意見を述べることができると考えられたのです。日本自然保護協会からそのことを伝えられた根深さんたちは，赤石川住民からの異議意見書を提出してもらうため，毎晩，赤石地区に通い，住民集会を開きました。当初の集会では反応や集まりが悪かったのですが，徐々に危機感や林道建設によるデメリットが噴出し，特に過去の災害のため，赤石川住民には水問題に対して人一倍，関心があったのでした。赤石川の一ツ森大然（おおじかり）地区は，1945年3月に豪雨による雪解け水が鉄砲水となり，一夜にして集落が飲み込まれ，87名が犠牲となり，生き残った16名は地区の高台にある大山つぎ神社へ命からがら逃げたという苦い経験を持っていたのです。紆余曲折はありましたが，その結果，有効な1,024通を含む地元住民からの異議意見書は史上空前の数にふくれあがりました。

　1987年11月14日，青森県庁にダンボール箱19個が運び込まれました。中身は，すべて白神山地の水源涵養保安林の指定解除に反対する(つまり伐採に反対する)意見書でした。県内外から総数13,200通あまりが寄せられま

した(図90)。これは日本の自然保護史上，前例がない数で，青森県がまず，この数にとても驚いていました。自然保護関係者ほか地元漁業関係者，農業関係者，赤石川流域の住民，教職員組合，そのほかのパワーの結集でした。もちろん，引き金になったのは，クマゲラの生息であるわけですが，その陰に泉さん，根深さん，工藤さんの目に見えない大変な苦労や努力があったことはいうまでもありません。

図90 1987年11月14日付「東奥日報」

15. クマゲラパワー

　その後，岩手県・葛根田(かっこんだ)でも大規模伐採が始まりつつありました。葛根田は八幡平・玉川と隣接する6,600 haのブナ原生林地帯で，一流域としては日本最大規模を誇るまとまったブナ林です。白藤力さんを事務局長とする葛根田ブナ原生林を守る会の現地観察会予備調査で，クマゲラの採餌木やねぐら木が発見されました。これはマスコミにも大きく取り上げられた上に，関係者にも大きなショックを与えました。テレビや新聞では，毎日のように葛根田の報道がなされ，クマゲラの名前はあっという間に岩手県中を駆けめぐりました。岩手県内でクマゲラの名前が広く知られるようになったのは，このときを契機にしてと思われます。

　岩手県の緊急学術調査，そして小川仁一参議院議員により国会でも取り上げられ，「いったんは国有林生産協同組合に売却したブナ400本中，84本を約130万円で再び買い戻す」という，これまではとうてい考えられないことまで起きたのでした。

　このクマゲラパワーは，宮澤賢治がこよなく愛したなめとこ山一帯の花巻・毒ケ森(ぶすがもり)や，その隣の生出川(おいでがわ)にまで波及しました。

　花巻・毒ケ森では，これぞクマゲラといわんばかりの真新しい採餌木が発見され，その後，雄1羽の姿まで確認されました。葛根田と同じように，毒ケ森も連日，マスコミが押し寄せました。それを機に，「ブナ林を守ろう！自分たち人間はブナ林があるから生きていけるんだ。守っているのではなく，守られているんだ」という意識から，『花巻のブナ原生林に守られる市民の会』が結成されました。しかし，最初は賛同者がなかなか集まらず，否それどころか，奇人変人扱いされる始末。どうやったら愛する毒ケ森を，そして小十郎の森を伐採から救うことができるのか？　事務局長の望月さんは連日連夜考え，クマゲラに行き着いたのでした。

　また，胆沢・生出川でもちょうど同じ時期にクマゲラが目撃され，やはり新聞テレビを賑わしました。地元の山菜採りの話では，30年前から胆沢のブナ林で，ちょくちょくクマゲラを見たという話を聞いています。その方が

話す姿や鳴き声の特徴から，ほぼクマゲラに間違いないようです。しかもその方がいうには「自分はクマゲラを撃ち落として食った！」というのです。当時，クマゲラはまだ天然記念物に指定されておらず，食糧難から動くものは何でも口にしていたそうです。例えばヘビ，サンショウウオ，トカゲ，イモリ，カモシカなど。胆沢〜焼石〜栗駒と懐が広い天然のブナ林が残されていますから，クマゲラがいても何ら不思議ではないでしょう！

16. 岩手県とクマゲラ

葛根田や毒ケ森，そして生出川でクマゲラの姿は目撃されましたが，証拠となる写真は1枚も撮影されませんでした。しかし，それ以前の1981年10月，安代町安比高原西森山で岩手県初のクマゲラ雄の写真が，当時の林業試験場東北支場（現在の森林総合研究所東北支所）勤務の由井正敏博士により撮影されていたのでした。この場所では前年の1980年10月に，やはり同じ職場に勤務されていた鈴木一成さんにより牧場奥で立ち枯れのミズナラ，オオシラビソにとまる雌1羽の姿を確認し，鳴き声を聞いていたのが最初でした。鈴木さんは北海道出身ゆえ，クマゲラについては誤認するはずがなかったのです。

安比は森吉山とほぼ同緯度で八幡平を経由して連続していますし，1980年6月を最後に，森吉山では繁殖が途絶えていますから，この個体はもしかすると森吉山で巣立った雛だったのかもしれません。しかし，安比高原がスキー場になってからは，これらクマゲラの姿はとんと見られなくなりました。クマゲラが棲む森は，緩やかな斜面に多いため，クマゲラにとってよいだけではなく，スキー場としても最高の環境にあるのです。森吉山といい安比といい，夏油（げとう）といい，クマゲラの棲む森は環境がよすぎたため，次から次へとその姿を変えていきました。

また1987年には，和賀町の北本内川上流・ネジヤ沢左岸で，伐採されたブナの洞から，巣立ち間近のクマゲラの雛と思われる2羽を，秋田県横手の伐採業者が近くの釣り具店に持ち込んだ話が伝えられています。その業者の「飼ってみないか？」という勧めに対し，釣り具店の主人は「カラスでもな

い脚のしっかりした真っ黒い不気味な鳥」と思い，断ったそうです。

　2日後，その雛たちは死んでしまい，生ゴミ同然に捨てられたということでした。とても残念で，悔いが残るできごとだと思います。

17. 山形県のクマゲラ

　ときを経て，1998(平成10)年，山形県朝日町のブナ林でも，本州産クマゲラ研究会の調査で，クマゲラのねぐら木が発見されました。発見されたねぐら木は全部で3本あり，林相もまっすぐなブナがある程度まとまり，これまでのクマゲラ生息地とほぼ同様でした。

　山形県では，大規模林道建設問題が10年以上も続き，地元の保護運動家が林野側と敵対していたのでした。そのようなときに，朝日連峰や月山などでもクマゲラの目撃例が相次ぎ，研究会は調査を依頼されたのでした。そもそも江戸時代の古記録を紐解くと，「クマゲラ　左澤に産す」の記述もあり，もともと山形県に生息していないはずはなかったのでした。今回の地は，真室川―小国線朝日工区予定地近くで，このねぐら木の発見は，反対運動の決定打にもなりました。イヌワシやクマタカの生息は何度も確認されていたのでしたが，それだけでは中止に至らなかったのです。まもなく，林野側から大規模林道工事中止の連絡があり，山形県での長い闘いに終止符が打たれたのでした。

18. ブナ林の救世主クマゲラ

　こうしてクマゲラは，各地のブナ林を伐採の危機から救ってくれたのでした。「クマゲラがいる！　クマゲラの痕跡がある！」それだけで伐採が中止されたり，縮小されたりしたのです。今やクマゲラは，ブナ林の救世主的存在で，ブナ原生林の象徴的存在でもあります。そしてクマゲラの生態を本格的に調査・研究しよう！　残り少なくなった東北のブナ林を少しでも多く残そうじゃないか！　とグループが組織されたほどでした。クマゲラの保護だけではなく，種の維持の観点から，クマゲラの生息地どうしを連続させ，ク

マゲラ以外の動植物の交流ルート(緑の回廊)も確立しようというのがねらいです。

しかし反面，岩手県ではこのようなこともありました。

ある熱心なアマチュアカメラマンが，和賀岳で偶然にもクマゲラの雌1羽を撮影したというのです。やはり各新聞社やテレビ局が，競ってその写真を掲載し，放映したのでした。この数日後の自然保護関係者の集会では，この和賀岳のクマゲラのことでもちきりでした。

でもじっくりと見てみると，おかしなことがいっぱい出てきました。クマゲラのねぐら木や営巣木が発見されていないのに，焦点がしっかりあっている鮮明な写真が撮影されていたのです。今とは違い，デジタルカメラは普及しておらず，アナログの時代です。偶然，出会ったはずのクマゲラなのに，ぼけていないのです。クマゲラが縦に静止したその写真はトリミングされ，おまけにそのブナの樹皮にはふぞろいな試し掘り穴が複数，残されています。これらの特徴は，そのときに繁殖中だった白神山地内の営巣木と酷似していたのです。さらに写真は晴れの日の写真でしたが，撮影された日には雨が降っているなど疑問が多々あったのでした。

岩手クマゲラ研究会からの指摘でこの数日後，その写真は和賀岳で撮影されたものではなく，白神山地で撮影されたことが本人の口から吐露されたのでした。慌てたのは掲載・報道してしまったマスコミ各社です。マスコミにとって，間違った報道は命とりだからです。

この熱心なアマチュアカメラマンは，確かに和賀岳のクマゲラを撮影したらしいのですが，画質のよい白神の写真とすりかえたらしいのです。伐採が迫る和賀岳を守りたい一心で，クマゲラのニュース性を利用したということです。気持ちはよく理解できますが，このことも自然科学の一端を担っているわけですから，嘘はよくないことです。

19. 森林生態系保護地域に，そして世界の自然遺産に

こうして白神山地，葛根田が森林生態系保護地域(ひとつのまとまりとして保護・保全される森林地域をいう)の指定を受けたのは，1991(平成3)年のこと

でした。そして，さらに驚くべきことに，屋久島と並んで日本初の世界自然遺産条約地として指定されたのでした。指定理由としては「東アジア最大のブナ原生林が残っている。ヨーロッパのブナ林より5〜6倍も植物の種類が豊富で500種にものぼる。ニホンカモシカ，クマゲラ，イヌワシなど絶滅のおそれのある動物の生息地だけでなく，2,000種を超える昆虫，無脊椎動物も多く，豊かな生態系が残る」ということがあげられています。1993年12月9日のことでした。これで白神山地は，人類共通の財産として，保全が義務づけられることになりました（図91）。

　世界自然遺産に指定されて1年，白神山地には日本全国のみならず海外から観光客や登山家が訪れるなど，入山者が急増しています。これにともないゴミが増え，高山植物が踏みつけられたり，もち去られているのが見つかり，入山の是非を巡る論争が起きています。

　確かに，マナーをわきまえない一部の入山者がいることは事実です。でも，それを理由に，すべての人々の立ち入りを禁止するのはいかがなものでしょうか？　というのも，東北にはブナの森に依存し，ブナ林とともに生活し，文化を築きあげてきた人たちがいるからです。こうした人々をも排除することは，ブナ帯文化否定論ともとれるのです。ブナ林と人間が上手につきあっていくことがとても重要なのです。なぜならば，管理されたブナ林は，もはや不自然以外の何ものでもないからです（図92）。

20. クマゲラ再繁殖

　1994年，本州では2か所で繁殖が記録されました。1か所は白神山系の一角中村川上流で，ほかの1か所は秋田県森吉山です。中村川のクマゲラはこれで4年連続繁殖が確認され，この記録は本州で最長の繁殖記録ということになりました。しかしこの地は，森林生態系保護地域や世界自然遺産条約地からはずれた地であり，いつ伐採されてもおかしくない状況下にあります。それどころか，繁殖地のすぐ近くには林道が通って，年々その繁殖成績が落ちています。森吉山では，泉さんたちが発見してから14年ぶりに，しかも以前と同じ繁殖地のブナの樹で，最上禄平さんにより繁殖が確認されました。

図91　1993年12月9日付「東奥日報」

入山禁止めぐり議論白熱

白神山地を考えるシンポ　青森

「生態系保護に不可欠」「自然を守る心育たぬ」

世界遺産の白神山地の保護・保全や地域振興の在り方を考える県主催の遺産登録記念シンポジウムが十三日、青森市民文化ホールで約四百五十人が参加して開かれた。白神中核部の入山禁止問題をめぐって「遺伝資源や生態系の保護のため、禁止措置は不可欠」「山を楽しむ心を排除すれば、自然を守る心は育たない」と、会場を巻き込み議論が白熱。だれもが納得できる結論を得るため、引き続き議論する場の必要性を浮き彫りにした。

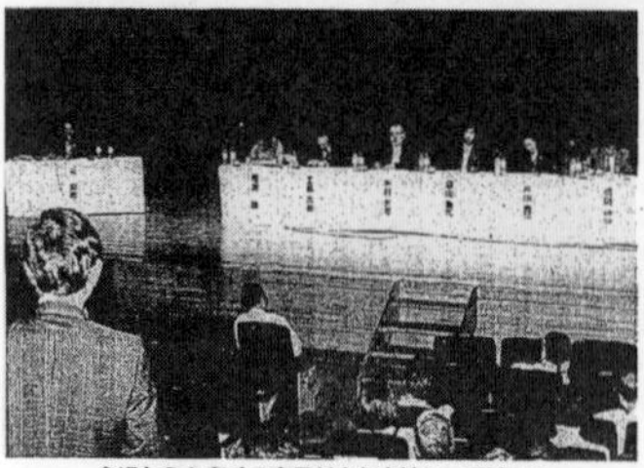

会場からも多くの意見が出た白神シンポジウム

モラル高揚訴える声も

遺産地域は、全域が林野庁の森林生態系保護地域。青森営林局は、同地域の中核部・保存地区は原則入山禁止、入山は中核部周囲の保全利用地区に限る―という方針を掲げている。

パネリストの一人で、同営林局の楢岡伸守・森林管理部長は「白神には、未解明の生物遺伝資源が眠っているかもしれない。遺伝資源の保存も含め、保存地区は原則として人手を加えずに厳正に保護する地区だ。荒れるまで待ってから入山禁止にするという対応を取ることはできない」と説明した。

これに対し、白神保護のけん引車となった弘前市の登山家根深誠さんは「入山禁止は、山とかかわってきた文化や歴史をないがしろにする。山を楽しむ心を排除しないで保護、管理ができないのか。健全な合意がないまま（入山禁止の）看板を掲げるなど、一方的な手法も時代に逆行している」と指摘した。

会場の議論も沸騰。日本山岳会青森支部の松島静春支部長は「見るべからず、入るべからずはおかしい。入山禁止という一時しのぎのやり方でなく、入山者のモラルを高める普及啓発の努力をすべきだ」と発言。

また「自然に触れてこそ自然を守る気持ちが育つ」「自然の回復力を考え、人数制限をしながら入山させるなど方法がある」と禁止に反対する意見が相次いだ。一方、「入山者が殺到している屋久島（鹿児島県）の二の舞いになってはいけない」との意見もあった。

「目屋マタギ」の流れをくみ、伝統的な山の暮らしに詳しい西目屋村の工藤光治さんは、「十年ほど前から入山者が増えてきた。だれもが自由に入山し原生的な自然を保てればいいが、今の状況では難しい。白神の管理は国の三庁にまたがり、窓口が多い。管理体制が確立するまでは、そっとしておくべきだ」とし、厳しい規制は必要との立場を取った。

このほか、遺産地域の外側の森の保護にも議論が及び、追良瀬内水面漁協（深浦町）の黒滝喜久雄組合長は「線引きの外側では依然としてブナが切られている。森は川を通して栄養分を海に流し、魚を育てている。このまま伐採が続けば、魚も漁業者も生きていかれない」と会場から訴え、共鳴する声が続いた。

図92　1994年9月14日付「東奥日報」

14年前は約330 haしか森吉山特別鳥獣保護区がとれなかったのですが，1993年11月には保護地区が1,175 haに拡大され，ひとつがいあたりの繁殖面積として，適正だったと思われます。泉さんたちが発見したときから14年も経過していますから，このクマゲラ夫婦は当時の孫もしくはひ孫にあたるのかもしれません。しかし，クマゲラの撮影をしたい！ クマゲラの写真は金になる！ というカメラハンターや，自分のブログやHPに人が撮っていないクマゲラ画像を貼り付けたい！ と望むカメラマンの数も日増しに多くなり，クマゲラの生息地が荒らされているのも実情です。特に繁殖期のはじめからクマゲラの営巣木へへばりつき，クマゲラの繁殖活動を邪魔する・攪乱する行為はとても許されるものではありません。本州ではありませんが，北海道苫小牧の営巣地では，営巣木を長時間取り囲まれ，抱卵交代がうまくいかなくなった若い雌親が，産まれたばかりの雛をくちばしにくわえて捨て去るというショッキングな事件もありました。人間同様，ストレスによるものだと推察されますが，同様のことはほかの北海道地域でも確認されています。

　本州のブナ自然林で生きていくクマゲラにとって，安住の地・安心できる日は果たしてくるのでしょうか？ クマゲラのキャーという鳴き声は，まるで絶滅を暗示しているかのように泉さんの耳には聞こえるのです。

ノロ川のブナ(本州産クマゲラ研究会提供)。秋田県森吉山。2007.5.23

Ⅲ部

資料編②
白神山地が世界自然遺産に
登録されるまでとその後

根深誠・藤井忠志対談講演会／2012年12月16日岩手県立博物館地階講堂にて

根深誠　1947年，青森県弘前市生まれ。記録作家。明治大学山岳部炉辺会，日本山岳会，KJ法学会会員。本州産クマゲラ研究会顧問。1980年代に白神山地で起きた林道建設問題で反対運動を組織し，中止に追い込む。ヒマラヤ経験が豊富。これまでの著作50数冊。『白神山地マタギ伝 鈴木忠勝の生涯』(七つ森書館)，『イエティ』(山と渓谷社)，『ヒマラヤにかける橋』(みすず書房)，『ヒマラヤのドン・キホーテ』(中央公論新社)，『北の山里に生きる』(実業之日本社)などほか。

雨上がりのねぐらの森(本州産クマゲラ研究会提供)。青森県白神山地。1997.5.31

白神山地が世界自然遺産に登録されるまでとその後　139

　藤井　先週の12月9日で，白神山地が世界自然遺産に指定されて，ちょうど20年目になります。したがって来年の2013年は，青森県内で20周年を記念いたしまして，さまざまなイベントや企画が予定されております。今日はそれに先駆けて，岩手県のほうで世界自然遺産を巡っての根深さんの苦労話や隠れた逸話などを交えながら，ご講演いただくという時間をとりました。来年度になれば，根深さんはあちこちから引っ張りだこになって，来ていただくことができなくなりますので……。

　進め方としまして，私が質問をしてそれに根深さんが答えるという質問形式で進めていきたいと思います。

　藤井　根深さんと白神山地(かつての名称：目屋の山々・目屋の奥山・赤石沢目のカッチ)との出会い，いつごろ，誰と，何をしに白神山地に入られたのでしょうか？

　根深　高校生のころから山登りを始めたんですけど，弘前ですから，岩木山によく行きました。岩木山から秋田県境の山の連なりを見てこの山並は

図93　講演会会場(本州産クマゲラ研究会提供)。岩手県立博物館地階講堂。2012.12.16

図94 残雪期の白神山地全景(本州産クマゲラ研究会提供)。青森県白神山地。1986.5.3

　何だろうな？というような疑問をもって，仲間とまず一度行ってみようということで，最初に暗門の滝に行き，そして白神岳に登りました。それ以外は八甲田山，まあ青森県内ではだいたい，そういう所に行きました。ほかに県外では鳥海山，一度だけ3年生の夏にひとりで北アルプスの北穂高岳を登りました。
　岩木山から眺めた山々，そのころ，白神山地という呼び方は一般的にされていなくて，高校の教科書なんかでは出羽丘陵の一部という呼び方をされていました。「その山並みを1回，踏破してみよう！」ということで，3人で暗門の滝から地図と磁石，5万分の1地形図を片手に，白神岳まで縦走したんです。
　今だったらどこに行ったらいいかというのが頭のなかにいろいろ入っているんですけど，そのころ，沢の名前ひとつにしてもさっぱりわからなくて，

ただ地図と磁石を頼りに沢を登っていって尾根を越して向こうの沢に下りる。それを繰り返しながら1週間近くかけて踏破し，白神岳に登ったんですけど。途中で迷ったり，クマに出会ったり，珍道中というか，釣りはそのころへただったものですから，イワナは馬鹿でも釣れるなどといわれたものの，まったく釣れませんでした。手づかみで捕ったりして，自然を満喫するには非常にいいフィールドだったんです。

　藤井　これが白神の全景です(図94)。1986年のゴールデンウィークに撮影したものです。秋田県と青森県の県境にまたがる45,000 haほとんどが，ブナ林という世界最大級のブナ林です。西側には白神岳，その北東側には向白神岳(1,243 m)ですか。そういう1,000 m級の山塊が続いています。位置的には，日本海に近く，青森県と秋田県の県境にあります。45,000 ha全体のうちの16,900 haが世界自然遺産に指定されて，秋田県側が4分の1，青森

県側が4分の3という場所です。しかし，ここにはすでに弘西林道が通っております。白神には，私が研究の対象としているクマゲラとかイヌワシとかシノリガモ(図95)などの希少鳥類が生息しております。

根深さんが青秋林道(当時の呼称：青鹿林道)建設のことを知ったきっかけは，どのようなものだったのでしょうか？　1982年でしょうか？　また，地域振興と文化交流を掲げた青秋林道(西目屋村～八森町を結ぶ26.7 kmの県境をまたぐ林道；総工費38億円)の真の目的は何だったのですか？

根深　高校生のときに3人で縦走したときのひとり(原田直英)が自然保護課にいて，林道の計画があることを知らせてくれたわけですが，1970年代の終わりぐらいですね．着工したのは1981年ですが，'78年か'79年に，当時の環境庁が白神の一部を自然環境保全地域にするための予備調査を実施したので，それにくっついて行ったんです．そんなこともあって仲間のひとりが青秋林道・青森～秋田をつなぐ峰越し林道ですね，つまり，西目屋村～秋田県八森町につなぐ林道の計画があることを教えてくれたんです．[*1] 何のことか意味がわからなかったので「それがどうしたの？」と聞いたら，「反対運動をしたらどうか？」といわれて，私をそそのかしたのです．私の場合，山は登る対象でした．それで白神はイワナ釣りに行ったり，キャンプをしたり遊びに行ったりしていました．その後，何度もヒマラヤに登ったりしたときなんかは「帰ったらブナの渓流で焚き火をしてテントを張って，イワナを釣って」そういう一時を過ごすのが非常にいいなというおもいだったんです．そこに林道をつくるので反対したらどうか？という，まあ密告じゃないけど，守秘義務違反ですかね？　いまは停年になっていますから，いいんですけど……．反対運動するといっても，どういうふうにしたらいいのか？　これま

[*1] 青森県庁に勤める友人からの情報．青秋林道は1981(昭和56)年5月に着工された西目屋村～八森町までの27.6 kmの林道．岩崎村・鯵ヶ沢・西目屋・八森の4町村が産業道路として総工費38億円で青鹿林道(後の青秋林道)を広域基幹林道と位置づけて建設した．秋田県は林業技術が進んでおり，青森県より10年前に森林資源が枯渇しており，切るべき樹木がなくなっていた．青森県には，大面積で森林が残されており，切るには絶好の場所であった．ふたつの町村，つまり八森町と西目屋村は，文化交流と観光による地域振興を訴えた．しかし，実のところ伐採のための林道が，この林道のねらいだった．

図95 珍鳥シノリガモ(本州産クマゲラ研究会提供)。青森県白神山地。2010.6.5

で経験したこともないしね。『青森県自然保護の会』というのがあって,そこの会長をされていた方が弘前大学の奈良典明先生だったんです。私が小学校のころ,『みちのく生物同好会』という朝早く野鳥の鳴き声を聞いたりするような会に入っていたんです。奈良先生がそこでお手伝いをしていたものですから,私は面識があったわけです。そこでさっそく,弘前大学に行って「先生は私のことはまったく知らないだろうけど,私は知っていますよ」ということで,「青秋林道の計画があるので,反対運動をやったらどうでしょうか?」と話したら,先生は「そういう話,まったく聞いてねえな。西目屋の村長に電話してみる」といって,研究室から電話したんです。

奈良先生は村長と同年配くらいなのかな?「その計画は絵に描いた餅だ! 話があるだけで,それだけの話だよ」となって「あっ,そうですか? 実際,動き出してもいないのに,反対運動というのもおかしなことだから……」そのときは引き下がったというか,それで終わったんです。

それから3年くらいしてからかなあ? 突然「この夏に着工する」という

ことを地元の新聞記事で知ったんです。また，すぐ奈良先生の所に行って「この夏から着工するって新聞に出ていましたよ」といって，その後，反対運動の具体的方法を考えるために，毎週，奈良先生の研究室に顔を出しました。

さすが大学の先生だなあ！　と思ったのは「ガキのケンカじゃないから，ただ反対！　反対！といってもそれはだめだ。何のために反対するか！というちゃんとした大義というものをつけて，やりましょう」ということで毎週1回，勉強会を始めました。

まず反対運動で林道をストップすることが目的ですが，それだけではなくて，白神は法的な網が被ってない地域だったんです。そこで，しかるべき国の法に基づいた保護地域にしてほしい。国の法律で守られている地域には，国定公園，国立公園そして自然環境保全地域などがあります。それのどれが適当であるのか？　まずそれを決めよう，そして決めるべきことはほかに山地名，当該地域の面積をあわせた3点でした。奈良先生には「おめえら，反対運動ていうけど（そのときは私ひとりでしたけど）ちゃんと六法全書の自然公園法くらい読んで，頭のなかにたたき込んでおけ！」といわれて，国立公園法・国定公園法というのを勉強しました。国立公園というのは，国民の保養とかが目的に謳われてありまして，温泉地とかそういう所がなっているんです。そうすると，白神みたいにそんなのもなくて自然度が高いというか，自然を残したいというか，それと原生自然環境法というのがあったようですが，こっちから勝手に物を持ち帰ったりということはできない。自然に関わるもののなかで，非常に厳しい法律だと思われます。

白神は村の人たちが山の中に出入りして山菜採ったりしているので，原生は厳しすぎる。それで自然環境保全地域でいきましょう！　これが目的でひとつ決まったわけです。ところがその面積・広さ，そのエリア，林道を中心にしての面的広がり，分断されていないブナ林地帯がどれくらいあるのか？ということがわかりません。それを把握するために，地図に線引きしました。私はよく白神の山々を歩いていたので，この辺，この辺といって線を引くことができたんです。秋田県側も含めてそれを計ったら，約16,800 haほどありました。それがほぼ今の世界遺産地域の面積に相当しますが。その

16,800 ha の広がりをもったブナ林を日本の自然環境保全法に基づいて守ってくれ！　じゃあ，その地域の名前は何ていうのか？　その時点ではですね，青森県では弘西林道という林道があったので，『弘西山地』と表記していたんです。これから林道の建設反対運動をやるのに，林道にあやかった弘西山地などという名前をどうも使いたくない。たったそれだけのことですが……。それで何にしようか？「白神山地でいきましょうか？」「じゃ白神山地でいきましょう！」と。そのようになったのですが，じゃ私がいちばん最初に『白神山地』をいい出した人間かというと，じつはそうではありません。これは後のち思い出したことですが，私，地誌や村史も含めて何冊か白神に関わる本を過去に読んだことがあって，そのなかで2冊ですけど『白神山地』という山地名の記載された本があったのです。「白神山地でいこうよ！」と奈良先生にいったときは，その本を読んではいましたが，その本のなかに書かれてあったということはすっかり忘れてしまっていたんです。あとから調べて確認しました。まあそれで，その時点では「そのまま白神山地でいきましょう！」ということで，名称は『白神山地』と決まりました。こうして白神山地の 16,800 ha のブナ林地帯を国の自然環境保全地域に指定するという反対の骨子を奈良先生の指導のもとにたたき上げたわけです（図 96）。

　そのあと，じゃあどういう団体に呼びかけようか？　という話になったんです。それで秋田でも反対運動やっていましたので，16,800 ha は秋田県側も含めてですので，秋田の反対運動の方に「いっしょにやろうか？」と呼びかけたんです。「名称は統一した方がいいでしょう」ということで，当時，秋田県側は『粕毛川源流』という名前を使っていたんですが，同じ山域なので『白神山地』ということで名称を統一しましょう！という話を私が呼びかけました。その後，いろいろな要望書を出すのに『白神山地』という名前を使ったことで，それがメディアにのって市民権を得たというか，社会に広まっていったということなんです。しかし，後年わかったのですが，秋田県側の反対運動の人たちには山域全体の概念はありませんでしたし，運動の対象も粕毛川源流に限定されていました。

　いずれにしても行政側の青秋林道建設の目的は，地域振興，経済文化交流という名のもとに，路肩を入れて幅 4 m の林道がこのモータリゼーション

の時代に地域文化交流として役立つのか？　これはどうも嘘くさい，ということは，誰にもわかるんです。反対する側としては，しからば本当の目的は何なのだろう？と，これが知りたかったわけです。真剣に考えた結果，わかりました。西目屋村の議会議事録を見せていただいて，それから八森町の議事録を見たら，そのなかに書かれていました。弘前の料亭で一杯飲みながら打ち合わせをしていましてね。それで目的は，「青森県側にあるブナを能代の業者が切り出す」という，そういうやりとりが記録されてある。ついでに「鉱山もどうでしょうか？」というやりとりまで議会でなされていたんです。それをコピーしてですね，私は青森県議会に「経済文化交流とかいってますが，中身はこういうものですよって。つまり，隣の家に咲いている花に手を伸ばして持って行くようなものではありませんか。それなのに持っていかれる青森県側の議会が全員賛成するというのはおかしな話じゃありませんか？このようなことは，県民に対する背信行為ではありませんか？」というような話をぶち上げたんです。

　　藤井　結局，このような地滑り地形(図97)の急峻な斜面にむりやり林道を通すということで，1年間で使える

図96　1982年7月19日付「東奥日報」

図97 土砂崩れの弘西林道(本州産クマゲラ研究会提供)。青森県白神山地。1987.5.5

期間はわずか4か月程度です。残りの8か月は,ほとんど閉鎖状態になってしまう。経済交流どころかその補修費用は地元自治体がもたなければならないということになりますから,まったくマイナスである。というような主張をしていくんですが,それでもどんどん林道が延びていくという経緯があったようです。今,根深さんのほうから秋田の動きが話されましたが,青森と秋田の両県に組織がつくられていく過程で,目的とか意識が違っていたと認識しています。あとは自然保護のための反対運動を進めるにあたって,日本自然保護協会はじめ中央への働きかけはどのように行ったのか? さらにいろいろな嫌がらせが根深さんにあったと伺っておりますが,その辺の経緯を

お願いします。

根深 こうして林道反対の骨子をつくったわけですね。白神山地16,800 ha を自然環境保全地域に指定する。それだけですと地元でわいわい騒いでいるだけですから，すぐに潰されてしまいます。それをどのようにして全国的な運動にしていこうかということで，具体的には一般の人，それから団体では日本自然保護協会とか，日本山岳会，日本学術会議とかいろいろな団体に理解していただくために，要望書と白神山地がどのような所かを知っていただくためのアルバムを7冊つくって，それを各団体に発送して協力をお願いする[*2]。それともうひとつは，後に日本自然保護協会の会長になる沼田真さんの教え子の町田さんという方が地元におられて（お二人とも故人），町田さんとはときどき弘前の一杯飲み屋で顔を会わせることがあるんです。一杯飲み屋で，飲み友だちというか。

1980年に弘前大学で植物生態学会が開催されたときに，沼田さんが来弘したんですね。そのときに町田さんが，恩師の沼田さんを呼んで，一緒に昼食をとるからお前も来たらいいじゃないかということで，昼食会を催したんです。私のほかに一杯飲み屋のオカミも一緒でした。4人で料亭で昼食をとったわけです。私はイワナを釣って行ってサービスし，焼いて食べよう！ということになり，料亭で炭火で焼いてもらいました。尺イワナでした。沼田さんが美味しそうに舌鼓を打っていた笑顔が思い浮かびます。1970年代後半に林道計画をすでにキャッチしてあるわけだから，その昼食会の席上で，白神においてこれこれの林道計画がある，反対しようと思っていますが……，と沼田さんに相談しました。「ああ，大いにやっていったほうがいいよ！」という沼田さんの返答に大いに勇気づけられたわけです。こうした経緯があって，反対運動は日本自然保護協会の全面的な支援態勢で展開していきます。

[*2] 当時は自然を残すことの価値が理解されていなかった。1983年1月『白神山地のブナ原生林を守る会』（秋田），1983年4月『青秋林道に反対する連絡協議会』（青森）が結成された。アルバムを作成して，日本山岳会や日本自然保護協会へ送付した。しかし反対運動が活発化するにつれ，嫌がらせが激しくなり，根深氏は会社を退社した。

それともうひとつは朝日新聞に当時，本多勝一さんという辣腕記者がいました。町田さんは千葉大学時代寮長で，本多さんと同じ部屋にいたんですね。本多さんは千葉大学を卒業してから，山登りをやりたくて京都大学にまた入り直したんです。そういういきさつもあって，朝日新聞が大々的にとりあげ，運動は全国的なうねりになっていきました。
　それからさまざまな嫌がらせですが，弘前を含む津軽地域という私の故郷は官尊民卑というか（失礼な言い方ですが，私のふるさとだからいいんです）保守的な地域でありまして，何につけ，反対運動はなかなか定着しない。極めて後進的な風土です。その後進性を鼻にかける，といった陋習があります。そういった所ですから，反対運動をやった当初は，玄関のガラスに石をぶつけられたとかということもありました。罵詈雑言が巷に広がり，私は根性が捻じ曲がってしまいました（しかし，運動が軌道に乗ってから町内連合会などの市民団体が支援してくれた）。今回，盛岡に来ましたが，ほかの町に行ったときには「この町はどういう町かなあ？　弘前みたいな封建的な所かなあ」とか，いろいろな町のようすを見るのが楽しみですけれども。それにしても弘前という所は，何といいますか非常に建設的な意見が通らない所でして……。足引っ張りがすごい，マイナーな土地柄です。思い出すだけで腹立たしくなる。

藤井　背中しか写っていないですが，この方が朝日新聞の本多勝一さんです。このときは，本多さんのほか読売新聞からも岡島成行さんという方が来られました。お二人の辣腕記者が同行して，レポを書いてくれたわけです。これは私が最初に白神に入ったときの画像（図98）で，根深さんと最初にお会いしたのもこのときでした。そうこうしているうちに択伐と称して皆伐されていく奥赤石川林道（図99）ですね。青秋林道とはまた違う所です。ここが一ツ森といって，近くには大然という赤石の集落があるんですけれども，ここの上流部に奥赤石川林道ができあがっていきます。そしてさらにその上流部の秋田県側から，青秋林道が攻めて来るわけです。したがって，上流部からこのふたつの林道が迫ってくるために，ここの赤石川の住民は非常に困惑したわけです。ということで，これに待ったをかけるべく，日本自然保護協会が『白神山地緊急クマゲラ調査隊』を組織（図100）したわけです。最大の目

図98 徒渉前の一行(本州産クマゲラ研究会提供)。青森県白神山地。1985.4.30

図99 皆伐された奥赤石川林道周辺(本州産クマゲラ研究会提供)。青森県白神山地

図100　白神山地緊急クマゲラ調査隊(本州産クマゲラ研究会提供)。秋田県白神山地二ツ森。1986.5.3

的は，林道建設予定地でクマゲラを確認して，ストップをかけようということですが，このときはクマゲラを中心として植生班と地質班に班編制され，東京大学・千葉大学から応援をいただいて，入ったという経緯があります。この場所は，秋田県側の二ツ森です。当時の『白神山地クマゲラ緊急調査実施要領』を紐解いてみたのですが，調査目的としましては「白神山地のブナ原生林のなかで良好なブナの大径木が生育する赤石川上流域について，現在『奥赤石川林道』が間近に迫り，伐採の危機に瀕している。本調査はこれらの地域のブナ原生林を保護するための条件のひとつとして，天然記念物クマゲラの繁殖状況を中心とした調査を行うものである」ということで調査隊が組まれました。堅雪のころ，4月30日ですから当時の天皇誕生日翌日ですか，赤石川に向けて，秋田県側から出発したところです(図101)。我々秋田大学チームは，『ノロの沢の沼』を『幻の沼』とも呼んでいましたが，そこにベースを張りながら(図102)クマゲラの痕跡を探し，青森県側の調査隊と合流するというのがこのときの目的でした。これはNHKを案内したときの画像で，徒渉の際には先輩の泉さんがバランスを崩して，あわや暗門の滝へ

図101　残雪を行く(本州産クマゲラ研究会提供)。青森県白神山地二ツ森。1986.5.3

図102　ノロの沢の秋田大学チーム(本州産クマゲラ研究会提供)。青森県白神山地。1986.5.5

という思わぬ事故が発生しました.

　私はクマゲラという鳥を通して白神と関わってきたのですが，白神山地で初めてクマゲラの生息が確認されたのが，1983年10月8日です．そのときに案内いただいた方が根深さんですが，クマゲラの生息確認でそれまで劣勢に傾いていた保護運動が，一気に挽回の様相を呈したと伺っております．白神におけるクマゲラが果たした役割について，お話しをお願いします.

根深　偶然見つかったんです．天の配剤といいますか．ラッキーでした．それまで自然保護協会を中心に，定期的にいろいろな調査を行っていたんです．10月に「これからまた雪が降ってくるから，赤石川の二股でキャンプしながら，今年の分のご苦労さん会をやりましょうか!?」ということで山に行ったわけですが，そのときはちょうど雨が降っていて，岩盤もある沢なので滑ってしまう危険性を回避するために，昔の杣人(そまびと)たちが使っていた道を

図103　櫛石・クマゲラの森.（本州産クマゲラ研究会提供).青森県白神山地.1994.8.7

たどるために，その沢から森のなかに入って行ったんです。そのとき，さっき藤井さんの話にもありました泉祐一さんというクマゲラの専門家ですね。その方が同行されていまして，森の木々を見たら「こういう所にクマゲラがいるんだよ！」と説明したわけです(図103)。私は北海道で見たことがあるんですけど，森のなかを見回した泉さんが巣穴を発見したわけです。「おお，穴があった！　クマゲラが帰ってくるかもしれない」そういいながら，斜面の窪地に隠れて待っていたんです。そしたら夕闇迫るころ，キョロキョロキョロって鳴きながらクマゲラが飛んで来て，巣穴にボッと入ったわけです。「あっ，やった!!」という感じで。クマゲラを見つけた！ということもあるのですが，津軽海峡を境にそれ以南にはクマゲラがいないということになっていましたから。ブラキストンラインという北海道と本州の鳥獣相が異なっているという説です。その指標種としてクマゲラも位置づけられていまして，北海道には生息していて，本州には生息していないという間違った説が世間に流布されていました。つまり，いないとされていたものがいたわけですから，工事の事業主体となっていた林野庁が動揺したんです。そりゃ，「イヌワシがいますよ！，クマタカもいますよ！，いろいろな貴重なものがいる」っていっても「別にそんなもの，たいしたものじゃないじゃないか！」って耳も傾けなかった林野庁が「クマゲラがいた！」ってことで，驚いたんです。これはいけるな！っていうか，反対運動やって勝つとは思っていなかったのですが，ここにきて一気に弾みがつきましたね。[*3]

　それでおもしろいことに，ばかげた話ですが，当時の営林局の部長がですね，クマゲラの生息の発見に関して，風変わりな認識を披露しました。「ここにクマゲラの巣穴の樹があったとすると，その樹は1本残す，だから工事は進める，心配いらない」っていったんですね。度肝を抜かれました。「本

---

*3　クマゲラの発見によりにわかに反対側は攻勢に出たが，それでも青秋林道の建設工事が進んだ。櫛石山だけで終わる話ではなかったので，建設予定地内で営巣を確認したかった(泉祐一氏談)。1985年，秋田県側から青森県側に青秋林道ルートの一部変更を伝えた。当初の予定は，西目屋村から秋田県八森町まで県境を尾根づたいに進んで藤里町の一部を通る計画だった。このため，粕毛川の源流部に悪影響がある，雪崩の危険性ということで，鎌田孝一氏らが反対運動を行っていた。

当にそう考えているのかな？」って思いました。その樹だけを残したって，周りの環境を残さなければ生きていけないということに対して，まったく配慮が行き届いていませんでしたね。その程度の認識だったんです。

藤井　その樹というのが，この画像にある正面のブナです（図104）。こういう林道ぞいにわずかに刈り残された数本のブナを使って，クマゲラが繁殖活動を行っていたという，そういう哀れな状況だったのです。ここは櫛石の平という場所で，白神のなかでも特に立派なブナが生育していた所だったんです。我々の発見が遅れたがために，雛の成育状況がよくて，この年は4羽が巣立ちしたわけです（図105）。ところが，翌年から地元のあるプロカメラマンがへばりついたために，繁殖がうまくいかなくて1羽だけしか巣立ちができなかったんです。さらにその翌年の2年後には，0という状態でした。その間にどんどん奥赤石川林道が延びていきました。話は前後しますが，秋田県側からのルート変更の申し入れがあったわけですが，その経緯とルート変更によって秋田県側のメリットと青森県側のデメリット，特に赤石川住民のですね。その辺についてお願いします。

根深　当初の青秋林道の予定線というのは，青森県側から見れば，岩木川の源流を通って，そこから県境を越えて，粕毛川（かすげがわ）の源流を横切って真瀬川に出て八森に入るというルートだったんです。最初に申し上げたように，秋田県側は当初，粕毛川の源流の樹が伐採されることに対して反対した。私たち青森県側の反対派としては，その同じ山並みですから「名称を統一しましょう」ということで白神山地を提案したわけです。それで共闘ということで一緒に協力してやっていくことだったんですがそれは表向きで，やっぱり秋田の運動というのは，当初の粕毛川にだけこだわっておりまして，むこうは秋田営林局，こちらは青森営林局の管轄ですね。粕毛川にこだわっている秋田県側の人たちに対して，秋田営林局はルート変更して粕毛川の源流を通らないようにして，青森県側の赤石川源流にふればどう？という話をもちかけていたんです。鼻薬（はなぐすり）をかませたわけです。私たちは，それをぜんぜん知らなかったので，突然ルート変更を秋田県側が決めて，決まった話を青森県側の私たちの反対派にもち込んで説明したわけです。まるで寝耳に水とはこのことで，びっくりしましたね。私は秋田側の要望書を見たのですが，それは

図104　櫛石の平・柱の樹（本州産クマゲラ研究会提供）。青森県白神山地。1990.6.4

図105　白神山地にて初繁殖確認（本州産クマゲラ研究会提供）。青森県白神山地。1989.6.12

「事前に秋田の粕毛川は通らないようにするから，あまり反対運動するな！」というようなことを暗に示していたわけです。交換取引ですね。彼らもルート変更に同意しました。粕毛川の源流は通らないで，いきなり県境を越して赤石川の源流地帯に入るということに決まったわけです。[*4]「それってひどい話じゃないですか」と抗議の電話をしたんです，秋田の反対運動の方に。そしたら「もう私たちの運動はこれで終わった！　青森さん，がんばってくれ！」ということだった「ひどいな！」って私は思ったんです。「化けの皮がはがれたな」とも思いました。

　両県の反対運動は最初から認識や取り組み方がずれていたわけです。したがって結果もずれています。秋田側は立ち入り禁止，これは営林局のいいなりになったことの表れです。青森は立ち入り禁止にあくまでも反対し，届け出制になりました。

　まあいずれにしても，人の内面に潜むいやらしさを見せつけられたわけですが，赤石川源流方面にルート変更となりました。結果的にはそれが幸いしたというか，道路をつくるには保安林を解除しなければいけません。それで赤石川流域の住民は，おもしろくないわけですね。あちらの都合でこちらを通して，要するに粕毛川に計画した林道を，藤里の人が反対したので青森県側に押しつけられたわけです。それによって，青森県側が怒りました。「青森県側には何のメリットもない！」そういうことがしだいに明らかになったわけです。

藤井　これが位置関係(図106)で，秋田県の粕毛川です。点線の部分が当初の予定ルートだったのですが，これが粕毛川に影響を及ぼすということで結局この新ルートに変更しました。そのために赤石川の源流部に影響が及

[*4]　ルート変更したことで，林道は一転して赤石川の源流部を通ることとなった。秋田県側の青秋林道のコースを変えたから，「反対運動をやめろ！」と県の林務部や自然保護課などが鎌田氏のもとへやってきた(鎌田孝一氏談)。このルート変更が後に青秋林道の中止につながる転換点であった。これ以後，反対運動の舞台は青森県側が中心となった。1987年10月に青森県(青森県報)は変更されたルートが通る赤石川源流部の水源涵養保安林の指定解除を告示した。これは水源として守ってきた赤石川源流部の伐採を行って，林道を建設することを意味していた。青秋林道が白神山地のブナの森に入るのは時間の問題だった。

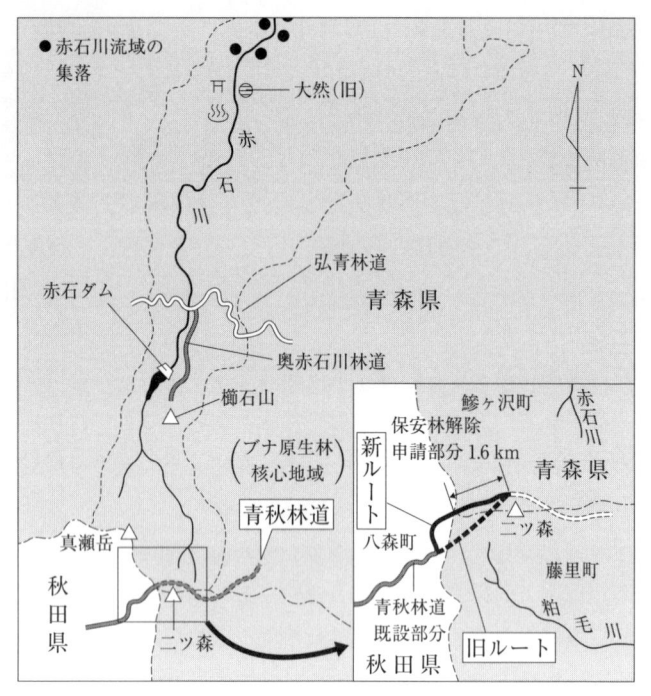

図 106　ルート変更図（佐藤 1998 をもとに改変）

ぶという状況だったわけです。それで今，根深さんのほうから水源涵養保安林解除の話が出たわけですが，結局これはブナ林の伐採を意味するということで，これに対抗できる手段としては異議意見書ですね。直接利害関係のある住民からの異議意見書があれば，国は聴聞会を開かなければならないわけで，その有効性を保つために根深さんたちが孤軍奮闘します。最終的には，地元住民の意見書 1,000 通以上を含む 13,202 通という日本自然保護史上，最高の数を誇ったわけですけど，この辺の経緯をお願いします。

根深　ルート変更によって赤石川のほうへ林道建設のルートが変わった。そのためには，赤石川源流で林道工事を進めるには保安林の指定を解除しなければならない。それに対して異議を申し立てることができる。異議のある人は，異議意見書に署名して提出する。期間は 30 日間。それをチェックし

て利害関係人と目される人であれば，国はその人たちに対して公開で聴聞会を行わなければならないということが決められています。その方法を使ったわけです。全国から13,202通の異議意見書が寄せられ，そのなかの1,020通ほどが赤石川流域の住民でした。住民の多くは，秋の出稼ぎに行っている季節だったのですが，1,020通というのは赤石川流域住民の過半数で，それほど多くの方が反対したんです。[*5] ひと月の間に，各集落の集会場で連日，説明会を実施しました。

　午後7時くらいから説明会をやるのですが，畑仕事や田んぼの仕事が終わってから家でご飯を食べたころを見計らって，集会をやっていたんです。集まって来る人たちは，私たちがご飯を食べていなかったことに気がついたんですね。「あんたたち，ご飯，食べてきてるの？」「いやっ，食ってないけど……」といってパンをかじったりなんかしてたら，「やや，私たちのためにそんなことまでしてくれるのか！　じゃあ，こちらで食事を用意しておきます」っていうことになりました。心が結びつきましたね。それと地元の人というのは，赤石川の水を使って田畑を耕し，漁民も川の水がどうなれば回遊魚が来るか？とかを生活体験として知っていて，漁民が自ら海底に潜って写真を撮ったりしていたんです。その写真から「磯焼け現象」を起こしてい

[*5] 泉氏が保安林解除に対抗できる手段として，「地元住民からひとりでもいいから，異議意見書を提出してほしい」と自然保護協会に伝えた。直接の利害関係者から異議意見書が提出された場合，国は聴聞会で意見を聞く必要がある（森林法）「ルート変更により，保安林の指定解除がともなう今回の場合，赤石川流域の住民が直接の利害関係者にあたり，公の場で意見を述べることができる」と考えられた。日本自然保護協会からそのことを聞いた根深氏らは，赤石川住民から異議意見書を提出してもらうため，地元住民への説明会や集会を組織した。当初の集会では，反応や集まりが悪かったが，徐々に危機感やデメリットが噴出し，特に過去の災害のため，水の問題に対しての危機感や関心があった。赤石川一ツ森大然地区は，1945年3月に豪雨による雪解け水が鉄砲水となり，一夜にして集落を飲み込み87名が死亡し，生き残ったのは地区の高台にある大山つぎ神社へ逃げたわずか16名だったという苦い経験がある。また工事が開始されて，弘西林道が通過してから赤石川の水量が激減し，地元住民の危機感が増幅した。赤石川の住民を中心に異議意見書集めを進めた。日本自然保護協会は，全国に反対の署名を集めるように訴えた。1987年11月に異議意見書は有効な地元住民の1,000通を含めて，1万3,202通という史上最高の数をこえた。

ることがわかりました。海藻・海草群落が枯れてしまって，「この状態は，もう山の伐採地みたいだ！」ってびっくりしました。それでますます団結力が強まり，反対の意気があがっていったというわけです。

藤井 そういう異議意見書を受けて青森県もどうしようか？　と苦渋するわけです。そのときの北村正哉青森県知事(故人)は盛岡農林卒業で斗南藩出身なんですが，彼の決断とか動向は？

それから，当時の県政与党だった自民党に金入さんという政調会長がいらっしゃったのですが，その方に調査するように知事が指示をしたんです。要するに林道を通すことが青森県にメリットがあるのか？　デメリットがあるのか？　調べよ。二者択一だという感じですが，その辺の経緯もお願いします。

根深 そのころになると，メディアもだんだん私たちのほうに寄ってきて，私たちの立場から新聞記事を書いて報道する，テレビにニュースを流してくれるというようになったんです。最初は「何のためにあの連中，反対運動をやっているんだろう？」といっていたのが「あんな所に道路をつくって大変だよな，よくないんじゃないか！」というように世論が変わってきたんです。それで私たちの立場から，いろいろなことを報道するようになりました。私たちは立場が有利になったわけです。だから，知事も知らんふりもしてはいられない。この点，良心的な知事だったと思います。でも，全会一致で林道計画は議会の承認を得ている，これでは板ばさみです。その一方で，騒ぎは日増しに大きくなり収拾がつかない。そんなある日，突然，議会に諮ることもなく「あの青秋林道は問題があるのじゃないか？」と知事が問題発言をしたわけです[*6]。これには議会もびっくりしまして，ほっとけなくなったわけです。この問題発言には裏があって，仙台に本社のある新聞社の記者が三日三晩，雨の日も知事宅に押しかけ，説得したのが功を奏しました。

---

*6　日本自然保護史上最高の異議意見書を受けて北村知事は，初めて青秋林道建設の見直しに触れた。これを素直に受け止めて聴聞会を開くなり，見直しを計るなりということを述べた。膨大な数の異議意見書により，青森県議会では青秋林道の見直しを求める声が大きくなった。しかし，北村知事は林道計画が秋田県との共同事業でもあることから，慎重な姿勢を崩さなかった。

そこに金入明義さん(故人)という当時の自民党県連政調会長をやっていた方がですね,「じゃあ,反対派の意見も少し聞こうじゃないか？」ということで場所を設定した。深浦町の観光ホテルでした。私が反対派を代表して出席し,大声を張り上げ,金入さんに食ってかかった。「秋田県側に利するようなことを何で青森県議会が満場一致で採択するんだ！」というようなことを。金入さんは黙って聞いていましたね。「わかった。時間を貸してくれ,悪いようにはしない！」って,それだけでしたね。私は紳士的な応対にびっくりしました。それ以前,県議会は私のことを,「根深は共産党だ」とか,「労働組合だ」とか,まったくそうじゃなかったけど,根も葉もないことをいいふらしていたんです。程度の低い連中です。金入さんという人は,八戸出身でアイスホッケーの選手でした。こんなちゃんとした人が青森県の議員をやっていることに私は驚きましたね。いつも弘前界隈の俗悪な人格ばかりを見ているものですから心が洗われたような思いがして,「ああ,たいしたもんだなあ！」と思って,知り合いの新聞記者を介して「たいしたもんだ,脱帽した！って私がそういっていたと伝えてくれ」って記者に話したんです。記者が金入さんに伝えたところ「私も前から同じように見てましたよ」っていう,記者を介しての金入さんの返答でした。それからすごく仲良くなって,金入さんが亡くなったときには,弔辞を述べるまでの間柄になりました。

　金入さんは田舎くさい権謀術数が渦巻く青森県議会にあって,潔癖性を備えた人だったと思います。それがまた弱点だったような気もしますが,生きていたら今でも力になってもらえたとほんとうに残念に思っています。

藤井　その後の白神の状況は予測できたか？ということと,ストップというようなことをいいますと,これまでかかった補助金を国に返還しなければいけないことになり,青森県としては国にお金を返したくなかったわけです。そこで,「お金を返さずに林道計画をストップする方法がないか？」と金入政調会長に北村知事が調べさせたわけなんですが,そのとき,『自然休止』というやり方があるということで,その辺のご説明をお願いします。

根深　これまで何年か途中までつくったわけですから,林道をストップしたら,国のほうから「これまでの金を返してくれ！」といわれかねないわけですね。秋田県は「これは全部,青森県が悪いのだ！」ってすぐ逃げにま

わってですね。そこで金入さんは「中止とはいっていない！　今，世論が青森県内では賛成・反対が二分してるから，これが治まればいつでもやるんですよ」ということで休止にしたんですね。休止にして，その間に善後策を練ったら，石垣島に休止路線というのがひとつあったそうです。だから「あそこにもあるから，白神も休止だ！　状況が整えばすぐ着工するのです」という話で，まあ時間稼ぎといいますかね。そうこうしているうちに，林野庁のほうが正式に休止から中止に決めたから，まあ『金入裁定』といって，金入さんはうまいところに軟着陸をさせたということになったわけです。[*7]

　藤井　『自然休止』というのは，3年間工事が進まなければ補助金の返還の必要なしということで時間稼ぎをしたんです。とても賢い方だと思います。その後のクマゲラの調査は尾太岳（図107）に移行していくわけですが，

[*7] 当時の県政与党の自民党青森県連の金入政調会長に「林道を通すことが青森県のためになるのか？　否か？」を調べるように当時の北村青森県知事が指示した。自民党政調会は，直ちに調査を開始した。林道視察のほかに，建設推進を求める秋田県連や地元町村長，そして自然保護団体からも意見交換会を行った。時間をくれ！と金入氏は要望し，調査後「林道建設は，青森県にメリットはない」という結論に達したが，表面上は1987年12月，北村知事に調査結果を報告後，記者会見を行った。反対とも賛成ともいえぬ！　まだまだ話し合うべき余地があるとの調査結果を記者発表した。しかし，『玉虫色の結論』と揶揄され，金入氏は悔しさを味わう。林道建設に反対で辞めます！といえば，これまでの林道建設に要した補助金を国へ返還しなければならなくなる。当時の自民党県連事務局長の桜井氏に「何とかお金を返さないで工事をストップする方法はないか調べてくれ」と依頼した。桜井氏は大変よく調べ，自民党本部から資料を取り寄せた。そのなかに『自然休止』の文字があった。『自然休止』つまり3年間工事が進まなければ，補助金は返還しなくともよいという制度に着目した。実質反対であるのだが，表面的には反対といえない！　話し合いさえつけば，いつでもゴーサインが出せる。というポーズをとった。その代わり北村知事へは「これから3年間，林野庁・国や秋田県の期成同盟会に嘘をつけますか？　嘘をつき通せますか？」と話した。知事の答えは「やるしかないだろう！」と頷いた（金入明義自民党青森県連政調会長談）。胸に秘めながらの2年後，1990年3月に林野庁は白神山地など全国12か所の国有林を森林生態系保護地域，すなわち人の手を加えない地区に指定し，事実上青秋林道の中止となった。1993年12月9日に日本初の自然遺産に指定された。迷いもあったが，自然保護に徹しよう！と北村知事が提案した。住民を巻き込んだ反対運動が政治を動かした，政治家を変えたのである。もし反対運動がなかったら，そのまま白神は開発され，自然遺産にも指定されていなかっただろう。まさに「天の利，地の利，人の利が成功をなす」であった。

白神山地が世界自然遺産に登録されるまでとその後　163

図107　残雪期の尾太岳（本州産クマゲラ研究会提供）。青森県白神山地。
1991.5.3

図108　泉氏・筆者・有澤先生（本州産クマゲラ研究会提供）。青森県白神山地。
1991.5.4

このときは北海道からクマゲラ生態学の権威・有澤浩先生にも応援いただいて，調査を行いました（図108）。雪崩れの跡を行ったり，調査員の皆さん，何度も死にそうになりながら調査を続けていたんですね（図109）。これは根深さんが尾太岳で撮影したときのクマゲラです（図110）。それで今，話にあった森林生態系保護地域ですが，その指定は理解できますけども，その後，世界自然遺産の話がふってわいたように出てきたんです。しかし，これはいつ，誰が，どこから持ってきた話なのでしょうか？

　根深　当時，1989年のことですが，林野庁は森林生態系保護地域を全国に12か所指定しましたが，白神もそのなかに入っていたんです。「樹を経済林として切るのではなく，森を残しましょう！」ということを切る側の林野庁が決めたわけですから，青秋林道は中止になったんです。それで私たちの『青秋林道に反対する連絡協議会』という，そのものずばりの運動を推進してきた組織なんですが，みごとに先ほど話したように運動目的に掲げた3つの項目（「山域を白神山地と呼ぶ」「青秋林道を中止に追い込む」「1万6千数百ヘクタールを国の自然環境保全地域に指定する」）を獲得して，運動を解散することができたわけです。運動を立ち上げるとき私は「結果が出たら，よい形で出ようが悪い形で出ようが，終わったら会は解散します」って，皆さんに申し上げていましたので，それに従って解散しました。

　話は前後しますが，県知事が問題発言をしたので，ありがたいことだな！と思って，記者にセッティングしていただいて，県知事にお礼の挨拶に行ったんですね。知事の部屋の入り口に秘書がおりまして，行ったら「あんた等，何だ？」「お前こそ何だ？　何だ何だ」ともめたわけですよ。そしたら知事がなかから「根深か？　入れ！」と濁声でいって，なかに入れたんです。「このたびはどうもありがとうございました」っていったら，「お前，勘違いするな。お前に理解を示したんじゃねんだ」「はあ，そうですか？」といったら「政治とはな！」といわれて，政治論をぶたれましたね。だから世界自然遺産というのは，最初にも申しあげたように，自然保護協会の会長の沼田さんですね。彼が「日本も世界遺産条約を批准すべきなんだ！」って話していました。そこは沼田さんの願いでもあったわけですね。反対運動をやったときに，沼田さんは我々を全面的にバックアップしてくれたんですけど。そ

図109　ブロック雪崩れの跡を行く(本州産クマゲラ研究会提供)。
青森県白神山地。1996.5.4

図110　新雪にクマゲラ(本州産クマゲラ研究会提供)。
青森県白神山地。1990.11.11

の結果，森林生態系保護地域になった。そして次は世界自然遺産になるわけですが，この間，白神の反対運動を沼田さんはずっと見守ってきていたので世界自然遺産登録は，たぶん白神の運動に対する慰労・ご褒美だったというように私は見ています。そんな気がします。だから私たちが『青秋林道に反対する連絡協議会』の解散会を弘前でやったときに沼田さんに来ていただいて記念講演をしたんですけど，その席上で白神山地を世界自然遺産に推薦するということを発表したんです。したがって『青秋林道に反対する連絡協議会』の運動が，そのまま世界遺産につながったというのが自然の流れなんです。しかし，行政はそういうことは絶対に認めたくない。だから行政が白神を語るときには，反対運動はまったくなしですね。いきなり世界遺産からはじまるんですね。でも事実は，世界遺産になるに値するような運動があったということです。また当時の環境庁の事務次官がたまたま弘前高校の先輩でした。県が陳情に行ったんです。事務次官というのは，権限をもっているわけですから，県知事以下そろって行ったんです。そしたら「今，後輩の根深君の本を読んで勉強しているところだ」といったそうです。帰ってきてから，県側の担当者，この方も高校の先輩でしたが，電話をよこして「事務次官がそういっていたから，お前のほうからもお願いしてくれないか？」と県がいうのです。私は「著者が一読者に対して，そういうことをするものですか？」って，格好つけてお断り申しあげたのですが……。

　藤井　世界自然遺産指定(1993.12.9)後20年目を迎えていますが，一般の方と根深さんの意識のずれとは？　そしていま何が問題なのか？　21世紀の白神のあるべき姿・方向性？　の提言をお願いします。また，『世界の自然遺産・白神山地』がある一方，六ヶ所村の再処理工場・高レベル放射性廃(棄)物の一時貯蔵，そして大間原発の推進という相矛盾した県民性をどうお考えでしょうか？

　根深　会の解散時に，「今後，白神はどの方向へ行くべきか？」などまったく論議することもなく，突然，世界遺産に指定されてですね，今まで林道推進云々といっていた県は，「万歳！」って，自分たちが世界遺産に指定されるために努力したかのごとく喜んでですね，ホテル青森で大パーティーをやりましたね。それで私の所にも招待状が届きました。しかし，私

は不愉快だったんです．10年近く反対運動をやってきて，林道がストップになって世界遺産になったら一番喜んだのが青森県です．それで欠席って返事を出しました．そしたら，また県の担当者から電話があり「沼田さんも来るし，次官の八木橋さんも来るし，お前が来ないのはまずいんじゃないか？」といわれてしぶしぶ出席したというわけです．電話をくれた自然保護課の世界遺産担当者が高校の先輩（玉川　宏）ということもありましたが．

　問題は，世界遺産登録後の方向性を決めなかったことです．それがため，「ただただ世界遺産になるほど優れた自然なのだから，誰も触るな！」手つかずの自然ということがまことしやかに社会に広まって，今まで小屋をつくって（図111・112）マイタケ採りゼンマイ採り，狩猟などをやっていた人たちが全部，排除されましたね．小屋は撤去，道はずっと何百年も続いてきている道ですよ．少なくとも菅江真澄が江戸時代に暗門の滝をたずねていてですね，紀行文を残しています．その道なんかもずっと残っていたんだけど，もう小屋も撤去され，人が森のなかに通わなくなったら，あっという間に道がどこにあるのかわからなくなりましたね．

　この辺の山は藪山で，腰ナタは必需品ですね．それで毎年毎年，道傍の木々の枝葉が伸びるんです．それをナタで払いながら，何百年も維持してきたんです．それからナタメといって，ブナの樹に家族の名前を彫り刻んだり，『山の神』や『山神』と掘り刻んだり，そういうのは山の文化といっていいと思うんですけど，それが，切り傷・落書きだといって「こんなけしからんことをやってる！」とかいって，こういうことを罪悪視するような風潮を林野とかがつくっていきましたね．それからゴミがあるとかですね．そのことによって自分たちの禁止規制を正当化するようにしたんです．それをメディアが煽る．したがって，混乱につぐ混乱ですね．そういう時代が続きました．「ふざけんじゃねぇ」と怒鳴ってみたいものですね．

　秋田県側は反対運動をやっていたころから林野行政にくっついていましたから，立ち入り禁止，今もやっていますけど．私はそういうのは認めないというか最初から「釣りするな！　焚き火するな！」といわれても，「どんどんやってやるからな！」って，営林署にいいましたよ．そしたら当時の部長が「わかっているけど，何も営林署に来てそういうことをいわなくたってい

図111 マタギ小屋(本州産クマゲラ研究会提供)。青森県白神山地。1989.8.12

図112 山菜小屋(本州産クマゲラ研究会提供)。青森県白神山地。1987.5.4

いじゃありませんか」って「営林署でいわないで，どこでいうんだ！」と私。そんなことがありました。そういうふうに話がおかしな方向にいきました。「原発反対運動をいっしょにやりましょう！」と原発反対側からの呼びかけが何回かありました。しかし，手を組むと私たちが引きづられて私たちの運動は成就しないな！との危機感から，「協力はありがたいですけど，対象が違いますから」といって丁重に断って，白神は白神で独自でやったというのが勝利につながったように思います。

いずれにしても，青森の県民性は岩手県とはだいぶ違いますよ。天候も違いますけど。どうも自分の意見をいったりしないで，「長いものに巻かれる！　勝ち馬の尻に乗りたがる」というのが，あそこの人たちの処世術みたいです。私のような者が小さな狭い弘前にいるのが気にくわないらしくてですね，「そんなに嫌なら出て行け」って電話が来たり手紙が来たりしますよ。「とんでもねえ野郎だな！」って思ったりするんですけど。まあ，私の故郷はそういう風土なんでしょう。

藤井　白神は今かなり整備されて，こういう感じでトイレがあちこちにできあがっているみたいです。これは環境大臣時代の小池百合子さんが白神の視察に来たとき，途中でおしっこに行きたくなって「トイレがあればいいね！」といった後にできたようです(図113)。それ以前にも赤石大橋のトイレは，私がここでウンコする方が多いので青森県に「トイレ必要だよ」という話をしたら，すぐ着工になったという経緯があります(図114)。それで最近は，クマゲラの繁殖状況もよくないのですが，白神の再生のために根深さんが植林をずっと行ってきています。その小苗木(1 m以下)を市街地に移植しようじゃないか？ということで計画しているようですが，その辺のことを教えてください。

根深　要するに，白神が世界遺産になってからの方向づけをしなかったことが混乱の原因のひとつでもあったと思うんです。それで，どういう方向づけをすればよかったのかということを，世界遺産が見えたころから考えていました。そのときに弘前大学の故・沢田信一さんという先生がいて，その方がブナの植樹をやる運動を推進したんです。まだ反対運動も終わっていない早い段階でしたが，「まあいいんだ！『呉越同舟』でやっていきましょ

170　Ⅲ部　資料編②

図113　津軽峠のトイレ(本州産クマゲラ研究会提供)。青森県白神山地。2011.10.28

図114　赤石大橋トイレ工事(本州産クマゲラ研究会提供)。青森県白神山地 2002.10.9

う！」ということで，彼が一生懸命になって営林署にも話をつけて，ブナの植樹を実施したんです。そのテーマは，『育林・再生・活用』というもので，3本立ての柱でブナを植え始めました。1990年から10年間で西目屋の国有林を借りて30,700本を植えたんですね。最初は活着率が60％くらいでいいんじゃないかな！という話でやったら，ほぼ全部育つというようなことになってですね，「この事業をこのまま放置しておくのもどんなものか？」というふうに思ったんです。それで沢田さんが亡くなって，西目屋村が白神の世界遺産を活用して村興しをしたいということで，村長から相談を受けたんです。そのときに，「沢田さんがやった事業がストップしているので，それを再興すればいい。それから菅江真澄が昔歩いた杣道(そまみち)を一般の山好きな人が歩けるように整備したらいい」といったんですけど，なかなかそこから先に話が進まなくて，ブナの再生事業は毎年この5年間，婦人会かがつくったブタ汁食って終わりなんですね。それで「いくら何でもこれはまずいだろう！5年もやって……」。それで私が営業に歩いてですね，山に植えたブナの場所から苗木をもってきて町に植えているんですが……。要するに，「世界遺産を抱えた地域社会でありながら，世界遺産とちゃんと向き合っていない！」と思うんです。なので，景観づくりのためにブナを緑化木として利用して景観づくりをすればいいんじゃないか？といってるのですが，何せ弘前といえばリンゴと桜からまだ脱皮していなくてですね。ブナも50年くらいたてば世界遺産にふさわしい地域社会ができるんじゃないかとは思っているんですけども。誰もいい話だとはいっても動かないので，今年，学校に行って「校庭にブナを植えさせていただけないか？」っていったら，弘前学院大学看護学部に知り合いの先生がいたんですけれども，そこの門から校舎まで100mくらいあるかな，ブナを植えさせていただくことにして，そこの担当の先生といっしょに営林署長を訪ねて挨拶に行って，「来年やりましょう！」ということになったんです。ですから営林署もそういうふうに社会に還元できるようなことは非常に喜んで協力してくれますので，まあよかったなあと思っているわけです。あとは，弘前市郊外の久渡寺山(くとじ)にもお願いして了承を得ました。

藤井　最後の質問になりますが，今後の部分として，津軽ダム建設のた

めに泣く泣く移転させられた西目屋集落の住民たちの問題があります。その地は優れた泉質の温泉と斜光器土偶が大量に出土する縄文文化の宝庫です。複合遺産指定(複合遺産は「文化遺産」「自然遺産」それぞれの登録基準のうち,少なくとも一項目ずつ以上が適用された物件をいう。換言するならば,一帯の自然環境と,そこでの人間の文化的営為が,ともに顕著に普遍的な価値を有するものと認定されることが必要である)にできないか？ その辺,いかがお考えでしょうか？

根深 世界遺産になったとときに,「手つかずのブナ林が残っている！」というふうに変なキャッチフレーズをつけたもんだから,それを守らなければなくなって杣小屋を撤去したり,立ち入り禁止・規制を正当化するような話になっているんです。今,白神山地・世界遺産の端にダムをつくっていますけれども,ダムで水没する地域を調査すれば,縄文遺跡がどんどん出てくるんです。おそらく,自然遺産の森のなかの台地を掘れば遺跡が出てくると思います。世界自然遺産地域の周辺にしても,縄文時代からすでに森の恵みで人々は暮らしを立ててきたことなので,「手つかずの自然だ」とかにはなってないわけですよね。

もともと自然と文化は一体化しているものだという認識に立てば,白神山地の文化遺産という考え方も非常に妥当なものに思えます。それで世界遺産は,今世界で1,000くらいあると思うんですけど,複合遺産は30もないですね。もちろん,日本にはないですけども……。そういう考え方にたって,白神を複合遺産にするという動きをつくれば,考え方としてはいいんじゃないか！と前々から思っていたんです。

それはともかく,自然保護云々だけではなく,地元社会の景観づくりを文化論としてとらえようとしているわけです。『ヒューマンエコロジー』の考え方と実践が大切だと思います。

それとどうしてもですね,林道のときもそうですけれども,障害になるのは行政なんです。何かと行政がハードルになってその先へ進めない。青秋林道を例に引けばですよ,料亭で決めた話を撤回させるために10年近いとんでもないエネルギーと労力がかかったわけなんですけれども,もっと早くわかって進んでいけば,地元地域社会はどんどんよい方向へいくんじゃないか

なという気はしているわけです．まあそのためにはどうしても「協力する，相手の話をよく聞く」という基本的な人間関係が必要じゃないかと思います．

藤井　根深さん，ありがとうございました．以上で，対談形式の講演会は終了いたします．

[引用記事・参考文献と参考ビデオ]
青森テレビ(1994). 検証〜白神山地世界遺産登録までの歩み〜.
秋田放送(1976). 我まぼろしの鳥を見たり.
秋田さきがけ新報社. 1970年7月9日，1975年9月22日，1977年8月27日，1978年6月7日付記事.
朝日新聞社青森支局. 1983年10月17日記事.
藤井忠志監修(2004). 北東北のクマゲラ. 東奥日報社. 123 pp. 青森.
中村　浩(1981). 動物名の由来. 東京書籍. 240 pp. 東京.
根深　誠(1992). 森を考える―白神ブナ原生林からの報告. 立風書房. 533 pp. 東京.
佐藤昌明(1998). 白神山地―森は蘇るか. 緑風出版. 242 pp. 東京.
東奥日報社. 1982年7月19日，1987年11月14日，1993年12月9日，1994年9月14日付記事.

クマゲラの雄と雌(井上大介氏撮影)。北海道苫小牧市。2014.5

あとがき

　クマゲラは北方系のキツツキであり，基本的な生態は，北海道も本州も同様であると考えている。北海道ではクマゲラが一般にもよく知られているキツツキであるが，本州のブナの森に定着していることが判明したのは，つい最近のことである。師匠の故・泉祐一氏と出会ったのが，今から30年前のこと。当時はいつブナの森にブルドーザーが入り，伐採されるのか？　林野行政との闘いの日々が10年も続いた。白神だ！　森吉だ！と道なき道を藪こぎし，クマゲラと出会うことができない日々はあたり前。何度か，危うく死にそうにもなった。好きなクマゲラのためならば，クマゲラと出会えなくとも平気だったが，生態を知るにつれ，クマゲラは，ブナの森は少しずつ語り出してくれた。そして今では，必ずや姿を現してくれるようにもなった。しかし，北海道産はともかく，本州産の個体は異常に少なく，種を維持しているのが不思議なほどの希少さである。とても残念だ。

　その間，筆者が主宰する本州産クマゲラ研究会のメンバーには，特にひとかたならないご苦労をかけている。本書でのデータ・写真・図表などは，すべて研究会メンバーによる苦労の結晶であり，著者のみでは決してこのような形として世に問うことができなかったものと思われる。以下に，氏名（敬称略）を記して感謝の意を表する。

根深　誠，金沢　聡，福士功治，五味靖嘉，佐藤和義，金沢岳杜，佐々木務・朋子，吉川　隆，檜山季樹，浜田哲二・律子，松谷　恭・美妃子，千葉一彦，大上幹彦，湯浅俊行，藤井啓明，藤井美保子，廣瀬邦彦・聖子，狩野均・ゆり，寺本金司，荻野和彦，小笠原曻，船木信一，有澤　浩，中村　学，佐藤嘉宏，白神倶楽部，公益財団法人日本自然保護協会，一般財団法人セブン-イレブン記念財団，公益財団法人イオン環境財団

　北海道のすばらしい生態写真は，友人の井上大介氏から提供いただき，藤

巻裕蔵博士(元日本鳥学会会長)からは，本文の査読と序文まで頂戴し感謝に堪えません。

出版に際し，北海道大学出版会の成田和男・添田之美両氏，そして岩手県立博物館解説員の佐藤優子さんには，キャラクター作成のために何かとお手数をおかけしました。

最後に，本書はクマゲラが本州のブナの森を，北海道のトドマツ林を乱舞することを夢見て，そしてクマゲラの生息・生態調査およびその保護のために命をかけた故・泉祐一氏と2013年11月に逝去した母に捧げる。

2014年6月27日

藤井忠志

ブナの峰走り(本州産クマゲラ研究会提供)。秋田県森吉山。2011.5.18

索　引

【ア行】
アオゲラ　28,29,31,34,40,114
アカゲラ　28,30,40
秋田県野鳥の会　19,113,115,119,120
秋田魁新報　103
左沢　73
左澤　130
アミメアリ　49,50
有澤浩　111
アリスイ　28,36
石坂勇　22
石坂美智子　22
泉祐一　19,21,22,103
岩木山　139
植村直己　122
内田清之助　13
営巣木　59,63〜65,67,69〜71,74,75,
　81,82,87,89〜96,131,135
生出川　128,129
オオアカゲラ　28,30,36,40,114
小笠原暠　19,21,68,105
岡島成行　149
奥赤石川林道　149
頤舌骨筋　39
御留林　84
小野蘭山　16

【カ行】
梯南洋　16
下枝高　71,88
葛根田　128,129,131
川口孫治郎　12,105
川村多実二　13
観文禽譜　7,11,73,84
カンムリツクシガモ　11

キクイムシ　47,112
キーストーン種　93
キタタキ　3,28,35
北村正哉　160
木村蒹葭堂　16
胸高直径　63,71,88
キンビタイヒメキツツキ　27
禽譜　7,8,11
工藤父母道　22,121
熊谷三郎　18
クマゲラの森　24,124
黒田長禮　11
黒松内　65
コアカゲラ　28,30
弘西林道　142,149
広葉樹　63,67,82,84,119
コゲラ　28,30
コリアミルチン　40

【サ行】
採餌木　63,68,87〜91,94〜96,115,
　128
シジュウカラガン　11
自然休止　162
島津重豪　16
就眠　65
庄司国千代　19,20,103,107
ジョン・ミルン　11
白神山地　3,22,24,47,74,81,82,86,
　120,123,131,132,139,145,148,151,
　162,164,166,172
針葉樹　63,73,84
森林生態系保護地域　121,161,164
ステンソン氏腺　40
青秋林道　142,143,149,160,164,166

生物多様性保全　93
世界自然遺産　24,26,132,139,141,
　162,163,166
絶滅危惧種　3
宣伝歌　59
杣温泉　108

【タ行】
対趾足　44
多巣性コロニー　49
田村誠　22
チャバラアカゲラ　28,30
鳥名便覧　73,84
ツタウルシ　40,47
テイオウキツツキ　27
テラツツキ　29,114
天然記念物　34,89,91,93,105,151
特別天然記念物　36,111
トビイロケアリ　47,49,50
ドラミング　61,62

【ナ行】
南山老人　16
仁部富之助　13
日本固有種　31
日本産キツツキ　30
日本産キツツキ類　55
日本自然保護協会　115,121,147,149
沼田真　121,148
ねぐら木　59,63,65,67,69,70,75,
　81,87,89～91,94,95,112,123,130,131
根深誠　22,121

ノグチゲラ　28,36

【ハ行】
毒ケ森　128,129
ブラインド　81
ブラキストン　11,106
ホオジロシマアカゲラ　84
堀田正敦　7
本州産クマゲラ研究会　3,130
本多勝一　149

【マ行】
MAB計画　121
緑の回廊　84,131
宮城県図書館　8,73
宮澤賢治　128
ミユビゲラ　28,35
向白神岳　22
ムネアカオオアリ　47,49,50,112
森吉山　3,103,107,108,115,118,
　120,123,129,132,135

【ヤ行】
屋久島　132
ヤマガラス　13,36,114
ヤマゲラ　28,34,40
山本弘　22
由井正敏　22,129

【ラ行】
老齢過熟林　103

藤井忠志（ふじい ただし）
1955年9月12日生まれ。秋田県大館市出身。
1980年から岩手県で教職に就く。
2000年から岩手県立博物館勤務。
主　専　攻　　日本産キツツキの生態に関する研究。
研究テーマ　　本州産クマゲラ個体群の生息・生態調査および
　　　　　　　その保護に関する研究。
現　　　在　　岩手県立博物館首席専門学芸員兼学芸部長，
　　　　　　　本州産クマゲラ研究会代表。盛岡市在住。

日本のクマゲラ
The Black Woodpecker *Dryocopus martius* in Japan
2014年11月25日　第1刷発行

著　者　藤　井　忠　志

発行者　櫻　井　義　秀

発行所　北海道大学出版会
札幌市北区北9条西8丁目 北海道大学構内（〒060-0809）
Tel. 011(747)2308・Fax. 011(736)8605・http://www.hup.gr.jp

㈱アイワード　　　　　　　　　　© 2014　藤井　忠志

ISBN978-4-8329-8220-8

鳥の自然史 ―空間分布をめぐって―	樋口広芳 黒沢令子 編著	A5・270頁 価格3000円
カラスの自然史 ―系統から遊び行動まで―	樋口広芳 黒沢令子 編著	A5・306頁 価格3000円
南千島鳥類目録 ―国後,択捉,色丹,歯舞―	V.A.ネチャエフ 藤巻裕蔵 著	A5・136頁 価格2000円
ブラキストン「標本」史	加藤克 著	A5・362頁 価格8200円
森の自然史 ―複雑系の生態学―	菊沢喜八郎 編 甲山隆司	A5・250頁 価格3000円
植物の自然史 ―多様性の進化学―	岡田博 植田邦彦 角野康郎 編著	A5・280頁 価格3000円
花の自然史 ―美しさの進化学―	大原雅 編著	A5・278頁 価格3000円
高山植物の自然史 ―お花畑の生態学―	工藤岳 編著	A5・238頁 価格3000円
雑草の自然史 ―たくましさの生態学―	山口裕文 編著	A5・248頁 価格3000円
淡水魚類地理の自然史 ―多様性と分化をめぐって―	渡辺勝敏 髙橋洋 編著	A5・298頁 価格3000円
魚の自然史 ―水中の進化学―	松浦啓一 宮正樹 編著	A5・248頁 価格3000円
稚魚の自然史 ―千変万化の魚類学―	千田哲資 南卓志 木下泉 編著	A5・318頁 価格3000円
トゲウオの自然史 ―多様性の謎とその保全―	後藤晃 森誠一 編著	A5・294頁 価格3000円
蝶の自然史 ―行動と生態の進化学―	大崎直太 編著	A5・286頁 価格3000円
親子関係の進化生態学 ―節足動物の社会―	齋藤裕 編著	A5・304頁 価格3000円

北海道大学出版会

価格は税別